Die

Geographie als Wissenschaft

und

in der Schule.

Von

Dr. Adolf Dronke,

Direktor des Realgymnasiums zu Trier.

Bonn,

Eduard Weber's Verlag

(Julius Flittner).

1885.

Vorwort.

Im Nachstehenden übergebe ich den Vertretern der Wissenschaft, den Lehrern und Leitern von Schulen und allen jenen, die sich für die Entwicklung der Geographie, für die Ausbreitung unserer Kenntnisse von der Erde, dem Wohnplatze des menschlichen Geschlechtes, die Ansichten und Vorschläge eines Lehrers der Geographie, der die feste Überzeugung in sich trägt, dass nur ein guter geographischer Unterricht in der Jugend das Interesse weiter Volkskreise für diese Wissenschaft zu wecken und auch nachhaltig wach zu halten vermag, dass dieser Unterricht aber auch ein hohes ethisches Moment in der Jugendbildung enthält, und dass er ohne weitere Belastung der Schule, nur allein durch eine richtige Methode, die allgemeine Bildung wesentlich zu erweitern und zu vertiefen vermag. Der Verfasser ist auch fest überzeugt, dass grade die vollständige Erforschung der Erde die Kräfte aller Nationen in Anspruch nimmt, und dass auf dem Boden dieser Wissenschaft am raschesten und leichtesten sich die Gebildeten aller Kulturvölker finden werden und sich in ihren Bestrebungen, unser Wissen zu vervollständigen, gegenseitig unterstützen müssen; dass die selbstlosen Jünger der Geographie, welche ihre ganze Arbeitskraft und ihr Leben der Ausbreitung unserer Kenntnisse von der Erde weihen, für alle Menschen, denen die Ausdehnung der Kultur am Herzen liegt, unverletzlich sein müssen; dass die Wissenschaft nicht blos in ihren Ergebnissen, sondern auch in ihrer Entwicklung, in ihren Arbeiten, in ihren werkthätigen Vertretern aus dem Rahmen des Nationalen heraustreten und, wenn ich mich dieses Ausdruckes (in edler Bedeutung) bedienen darf, entnationalisiert werden muss.

Die wichtigsten Grundsätze, die im vorliegenden Werkchen entwickelt sind, finden sich am Ende als Thesen noch besonders formuliert. Über das Wesen der konstruktiven Methode beim geographischen Unterrichte ist in den „Geographischen Zeichnungen“ (3 Hfte. Bonn), und über den Lehrgang in dem „Leitfaden für den geographischen Unterricht“ (Bonn) vom Verfasser ausführlicher gesprochen, und wird hier auf diese beiden Werke verwiesen. Aus naheliegenden Gründen sind bei den didaktisch-methodischen Besprechungen im vorliegenden Werkchen nur die preussischen Schuleinrichtungen (und zwar alle) berücksichtigt; auf andere Anstalten ergiebt sich die Übertragung der Vorschläge von selbst.

Gelingt es durch die nachstehenden Ausführungen das Interesse für die Wissenschaft der Geographie und für die Ausbildung des Unterrichtes in derselben in weiteren Kreisen zu erwecken, die Ausbildung der Wissenschaft und die des methodischen Unterrichtes zu fördern, so ist der Zweck des Werkchens erfüllt.

Trier, den 8. Dezember 1884.

Direktor Dr. **Adolf Dronke.**

Die Geographie als Wissenschaft und in der Schule.

§ 1. Einleitung.

Durch seinen Körper gehört der Mensch der Materie an und hat zum Wohnsitz die Erde. Hier spielt sich seine Thätigkeit, d. h. die Reihe von Funktionen ab, welche das sogenannte Leben ausmachen. Man hätte daher erwarten sollen, dass die Erforschung der Heimat, an welche die Existenz des Menschen geknüpft erscheint, auch einen wesentlichen Teil der ersten wissenschaftlichen Bestrebungen des Menschen gebildet hätte. Die Entwicklung der Wissenschaften nahm aber bei den Griechen — und auf ihre Kultur hat sich ja die römische, und später die christlich germanische des Mittelalters hauptsächlich gestützt — ihren Ausgang von der spekulativen Philosophie, der sich dann die deduktiven Wissenschaften anschlossen, während die induktive Forschungsmethode gänzlich vernachlässigt wurde, und daher die auf letztere gegründeten Wissenschaften unentwickelt blieben. Erst die Berührung der griechischen Gelehrten in Aegypten mit der schon durch die Natur der Heimatländer verschieden gebildeten Kultur der Semito-Hamiten brachte die ersten Anfänge exakter Wissenschaften; bei der Präponderanz der spekulativen Philosophie konnten dieselben aber zu einer selbständigen, die Kultur des Altertums beeinflussenden Stellung nie gelangen. Das Christentum konnte bei seiner Lehre von der Vergänglichkeit des Weltalls, von der Unabhängigkeit der menschlichen Seele von der Materie des Körpers und von der

Umgebung, zunächst auf die naturwissenschaftlichen Forschungen sicher nicht belebend einwirken; an die Stelle des induktiven Schlusses trat meist der Wunder- und vielfach der Aberglaube, die leider so grausam verwüstend auf die Menschheit wirkten. Erst mit der Anerkennung der Induktion neben der Deduktion war die Entwicklung der Naturwissenschaften möglich gemacht. Dass sich hierbei zunächst einerseits die Physik und Chemie, welche durch die Neuheit der in die Augen springenden Resultate auf alle Gebildeten einen tiefen Eindruck machten, und von denen die eine durch die Anwendung der Mathematik eine absolute Sicherheit ihrer Resultate erzielte, die andre aber im praktischen Leben, in Gewerbe und Industrie eine förmliche Umwälzung herbeiführte, andererseits aber diejenigen beschreibenden Naturwissenschaften ausbildeten, welche sich mit den einzelnen, mehr oder minder abgeschlossenen Naturkörpern befassten, also Zoologie, Botanik, Mineralogie u. s. f., ist im Wesen der Wissenschaften selbst begründet. Auch der Mensch wurde nur in so weit von der Forschung zum Objekt genommen, als dies für die Begründung und Entwicklung der Medizin nötig erschien. Erst die spätere Auffassung, dass der Mensch seinem Körper gemäss zu der Natur gehöre, dass dieser selbst also ein Stück Natur sei, und dass die Erforschung seiner Teile und ihrer Beziehungen, sowohl zu einander als zu der ihn umgebenden Natur, zur Ergründung der Daseinsformen dieser Erde führe, hat das Bedürfnis erzeugt, die Erde als solche einer eingehenderen wissenschaftlichen Forschung zu unterwerfen. Und so konnte also erst die Geographie als eine der jüngsten, der neuesten Wissenschaften sich entwickeln.

Die Geographie hat nun, trotz ihrer hohen Bedeutung für die Stellung des Menschen der Natur gegenüber, bei weitem noch nicht das Verständnis und die Beachtung bei den Gebildeten gefunden, welche sie verdient. — Will man die Mittel suchen, durch welche die Wissenschaft von der Erde in die ihr gebührende Stellung zu den übrigen Zweigen des menschlichen Wissens gelangen kann, so muss zunächst der

Begriff der Geographie genau festgestellt, nach allen Seiten hin scharf abgegrenzt werden; sodann sind die Wege zu erforschen, auf denen sie entwickelt und zur Höhe einer festgegründeten Wissenschaft gebracht wird; hierauf würden die Umstände und Gründe aufzusuchen sein, welche sich der vollen Anerkennung derselben als Wissenschaft, ihrer Popularisirung und ihrem Einflusse auf die kulturelle Entwicklung entgegenstellen; aus allen diesen Betrachtungen würde dann sich ergeben, wie die Hemmnisse zu beseitigen, und durch welche Mittel die volle Entfaltung der Wissenschaft zu erreichen sein würde.

§ 2. Festsetzung des Begriffes „Geographie". Die einzelnen Teile der Wissenschaft. Hülfswissenschaften.

Das Ziel der wissenschaftlichen Geographie im weiteren Sinne ist ein doppeltes: erstens die vollendete Kenntnis des ganzen Erdkörpers, an und für sich, sowie im Verhältnis zu andern Körpern, als ganzes und in seinen einzelnen Teilen, in seinem gegenwärtigen Zustande und in seinen Wandlungen nebst den Gesetzen, welche diese letztern bedingen, in den Erscheinungsformen, die als integrierender Teil der Erde, und in denjenigen, welche als selbständige Körperwesen auf ihr auftreten — soweit sie mit der Erfassung der Erde als ein Ganzes von Belang sind —; zweitens die Erkenntnis der Wechselbeziehungen, die zwischen dem Menschen und der Erde stattfinden. Im engeren Sinne scheidet man die Geognosie und Geologie vielfach von der Geographie gänzlich aus. Ganz abgesehen wird hier von der Geschichte der geographischen Wissenschaft. Aus dieser Definition ergiebt sich sofort, dass die Geographie teilweise eine beschreibende Wissenschaft ist — und dieser Zweig derselben hat sich naturgemäs zuerst entwickelt; er überwiegt heute noch vielfach, namentlich in den Lehrbüchern —, anderseits muss sie aber auch die gefundenen Resultate auf exaktem Wege begründen und von einheitlichen Gesichtspunkten aus zusammenfassen. Zuerst fand dies nur bei der sogenannten astronomisch-mathematischen Geographie statt, erst in neuester Zeit wird dieser Weg auch mit Erfolg bei der allgemeinen physikalischen Geographie betreten. Endlich bedarf die Geographie auch namentlich dort, wo die exakten Wissenschaften keine Anwendung mehr finden können, z. B. bei den zu derselben gehörigen ethnographischen Fragen u. s. f., der spekulativ-deduktiven Forschung.

Die oben gegebenen Grenzen zeigen aber auch, wie ausserordentlich weit das Gebiet der Geographie ist, wie zahlreiche Zweige sie aufweist und wie gross die Zahl der Hülfswissenschaften ist, deren teilweise völlige Beherrschung vom wissenschaftlichen Geographen zu fordern ist.

Die Teile der Wissenschaft von der Erde werden gewöhnlich in die beiden Gruppen: allgemeine und specielle Geographie zusammengefasst; man könnte sie auch nach den hauptsächlichsten in Anwendung kommenden Behandlungsweisen in deskriptive und theoretische teilen. Wenn wir hier die gebräuchliche Einteilung berücksichtigen, so müssen wir nachstehende Zweige unterscheiden:

A. Allgemeine Geographie; sie befasst sich mit allen Fragen, welche sich auf die Erde als Ganzes beziehen, und mit den Gesetzen, nach denen die physischen Zustände auf der Erdoberfläche sich regeln, und nach denen die selbständigen Körper auf ihr sich verteilen. Sie zerfällt in:

1) Mathematisch-astronomische Geographie; für sie ist die Erde ein mathematisch genau zu messender Körper, dessen äussere Gestalt und dessen Beziehungen zu den übrigen Weltkörpern fest zu bestimmen sind;

2) Allgemeine physikalische Geographie oder Betrachtung der durch die chemischen und physikalischen Eigenschaften der Bestandteile der Erde bedingten Zustände und Änderungen; als besondere Teile würden sich hier Klimatologie, Metereologie, Geologie anreihen, die alle schon mehr oder minder fast selbständige Wissenschaften geworden sind;

3) Lehre von den lebenden Wesen, soweit dieselben in ihrem Auftreten und Wesen von der Erde abhängig sind und umgekehrt auch auf die Gestaltung der Erde einen Einfluss ausüben; Pflanzen-, Tiergeographie und auch die Ethnographie würden hier ihren Platz finden.

B. Specielle Geographie; sie schildert die gegenwärtig auf der Erdoberfläche vorfindlichen Verhältnisse; als Teile ergeben sich sofort:

1) Topographische Beschreibung der Erdoberfläche, also Oceanographie, Hydrographie, Orographie; nur die Formen der Erdoberfläche in ihrer Anordnung finden hier ihre Betrachtung;

2) Politische Geographie;

3) Handels- und Verkehrs-Geographie.

Für eine grosse Zahl von Zweigen, die einer ausführlichen Behandlung in künftiger Zeit entgegensehen und voraussichtlich zum Teil als selbständige Wissenschaften auftreten werden, ist noch nicht einmal ein Name vorhanden; hieraus geht hervor, wie wenig die eigentliche Wissenschaft erst über die ersten Anfänge hinausgekommen ist.

Schon jetzt ist aber auch die Zahl der sogenannten Hülfswissenschaften, d. h. derjenigen, deren Resultate und Forschungsweise die Geographie zu ihrer Entwicklung bedarf, eine ausserordentlich grosse; Geodäsie, Mathematik, Mechanik und Astronomie wurden immer als solche allseits anerkannt; Mineralogie, Geognosie, Geologie, Zoologie und Botanik traten frühzeitig hinzu, Physik, Chemie, Statistik, sind jetzt für das Studium der allgemeinen physischen Erdkunde absolut notwendig, und bei der Ethnographie kann man nicht mehr der Kulturgeschichte und der Sprachvergleichung bezw. der allgemeinen Sprachwissenschaft (wenn der Ausdruck erlaubt ist, der Physiologie der Sprachen) entbehren und die Biologie muss ebenfalls volle Beachtung finden. Um für letztere Behauptung Beweise beizubringen, erlaube ich mir, auf einige Ergebnisse meiner speciellen Forschungen — die jedoch noch nicht veröffentlicht sind — hinzuweisen. Aus den italienischen und namentlich den englischen Dialekten ist es mir möglich gewesen nachzuweisen, unter welchen klimatischen Einflüssen bestimmte Lautwandelungen vor sich gehen (sowohl bei Vokalen als auch bei Konsonanten), wann z. B. t in hartes th, wann in weiches th, wann in volles s, wann k in c übergeht u. s. f. Wenn nun daher aus der Sprache eines irgendwo eingewanderten Volkes auf die ursprüngliche Heimat gefolgert werden kann, so ist auch hier umgekehrt ein Mittel gegeben, um aus den Sprachänderungen eines sesshaften Volkes auf den Klimawechsel zu schliessen. Ich glaube in dieser Beziehung bereits zu Schlüssen in Bezug auf die klimatischen Verhältnisse der Mittelmeerländer berechtigt zu sein.

Aus den vorhergehenden Ausführungen ersieht man, dass schon jetzt, bei dem geringen Alter der Wissenschaft, dieselbe eine so grosse Ausdehnung hat und an das Wissen und die Arbeitskraft ihrer Jünger so hohe Anforderungen stellt, dass ein einzelner das ganze Gebiet nicht mehr erfassen, in sich aufnehmen und zu einem in allen Teilen harmonisch entwickelten Ganzen ausarbeiten kann. Vielmehr wird jeder „Geograph" eine Seite des Ganzen als seinen Geist am meisten fesselnd und interessierend herausheben und als sein Feld bearbeiten, betreffs der übrigen Abteilungen dagegen sich damit begnügen, die Resultate fremder Forschung zu registrieren. So wird der eine z. B. mehr den geologischen Bau, ein anderer das Verhältnis der Erde zu ihren organischen Wesen beachten, u. s. f.

Allgemeines.

§ 3. Wie ist die Geographie zu behandeln, bezw. das geographische Wissen zu erweitern?

Fragen wir uns nun nach den Mitteln und Wegen, auf denen bezw. durch welche die Geographie ihr Ziel, eine volle Kenntnis der Erde zu erlangen, erreichen kann, so müssen wir hier zwischen der deskriptiven und der theoretischen Geographie unterscheiden. Erstere sammelt alle in dem menschlichen Beobachtungskreis liegenden Thatsachen und Erscheinungen, soweit sie in das Gebiet der Erdkunde gehören, letztere stellt ein einheitliches Bild des ganzen Erdkörpers dar, leitet aus den Beobachtungen die Gesetze her, sucht bei der Vielheit der Einzelerscheinungen das Gemeinsame, beim Nach- und Nebeneinander den Zusammenhang derselben zu erkennen und somit das einheitliche Prinzip, das dem Ganzen innewohnt, zu ergründen, indem sie aus den Beobachtungen, also a posteriori, Schlüsse zieht, oder a priori aus theoretischen Gründen bestimmte Lehren aufstellt und deren Verificierung erst nachträglichen Versuchen und Beobachtungen überlässt.

Untersuchen wir zunächst kurz die Wege, welche die deskriptive Erdkunde einschlagen muss. Auch hier haben wir sofort zwei völlig verschiedene Teile zu unterscheiden: die Erforschung noch gänzlich unbekannter Gegenden und Verhältnisse, und die Detail-Forschungen beziehungsweise genaueste Feststellung der geographischen Verhältnisse in bereits im allgemeinen bekannten Gebieten. Die letzteren setzen natürlich die ersteren voraus.

Grosse Gebiete in Afrika, in Australien, Amerika und Asien hat noch nie ein wissenschaftlich gebildeter Europäer betreten, sie bilden noch für Jahrhunderte hinaus anstrengende Arbeit für Feststellung der Lage und der allgemeinen physikalischen, orographischen und hydrographischen, klimatischen Verhältnisse auf dem Festlande, der Strömungen, der Temperaturen, Eisbildungen, Tiefen der Meere u. s. f. Ueber die Art der Ausrüstung zu Forschungsreisen zu Wasser oder zu Lande, über die Methoden der möglichst genauen Feststellung der durch die Beobachtung festzustellenden Faktoren können natürlich nur specielle Fachgelehrte und solche Reisende urteilen, welche bereits eine genügende Erfahrung hinter sich haben. Aber viele Punkte können auch von dem Theoretiker hervorgehoben werden, deren Beachtung den

Wert der Erforschung wesentlich erhöhen, wo nicht sogar bedingen. Als solche Punkte sind bis jetzt beachtet worden auf dem Lande: Feststellung der Küsten, Aufsuchen von sicheren Hafenstellen und guten Lagerplätzen, Bestimmung der geographischen Länge und Breite einzelner Orte (wenigstens auf einen halben Grad genau), denen gegenüber dann sich die übrigen besuchten Gegenden in ihrer allgemeinen Lage bestimmen lassen, Feststellung der Flussläufe, der Gebirgssysteme, Höhenmessungen, Temperatur- und Barometerstände zu bestimmten Stunden (bei ersteren auch Maximal- und Minimaltemperaturen), Winde, atmosphärische Niederschläge, geologischer Bau, charakteristische Pflanzen und Tiere u. s. f.; ich möchte hier die von neueren Forschern bereits öfters berücksichtigten Punkte noch besonders hervorheben: Beobachtung aller hervortretenden anthropologischen, ethnographischen und auch sprachwissenschaftlichen Fragen (so z. B. des allgemeinen Charakters der Sprache und des Sprechens). Die auf Seereisen zu beachtenden wichtigen Punkte sind bereits oben erwähnt.

Nachdem so die allgemeinsten Umrisse festgestellt sind, kann die detailierte Forschung erst beginnen; und hier ist eine volle Teilung der Arbeit nötig, um zu genauen Resultaten zu gelangen. Zunächst ist die geographische Lage aller Punkte eines Gebietes scharf zu bestimmen, ebenso die horizontale Gliederung und die vertikale, sowie die gesammten hydrographischen Verhältnisse. Soweit in dieser Hinsicht die meisten Kulturländer auch bereits vorgeschritten sind, so ist doch noch selbst in Europa vieles zu leisten übrig; ich erinnere hier an die unterirdischen Flussläufe in den Kalkalpen, an die Balkanhalbinsel u. a. m. Ist die specielle physikalische Formation eines Landes erforscht (beziehungsweise gleichzeitig mit deren Feststellung), so hat die genaue Untersuchung des geologischen Baues, die Beobachtung der klimatischen Verhältnisse, die Lösung der Fragen aus der Pflanzen- und Tiergeographie und endlich auch die der ethnographischen Verhältnisse stattzufinden. In dieser Hinsicht ist noch kein Land vollständig ergründet; von dem Zusammenhang der Flora mit der Fauna, von der Abhängigkeit der ersteren von der geognostischen Beschaffenheit des Bodens, von dem Einflusse des Klimas auf Tier- und Pflanzenwelt und umgekehrt von dem der Pflanzendecke auf die klimatischen Verhältnisse eines Landes haben wir bis jetzt nur erst allgemeine Anschauungen, feste — mathematisch genau wiederzugebende — Gesetze sind noch nicht gefunden; einzelne Arbeiten (wie von Müller u. s. w.) zeigen uns, dass hier ein weites, für uns nicht blos interessantes, sondern auch höchst wichtiges Gebiet für wissenschaftliche Forschungen noch offen liegt; um nur einige Fragen von Bedeutung hier anzuführen. ist das stetige Fortschreiten der Steppenpflanzen des aralokaspischen Depressionsgebietes nach Westen eine Folge der Änderung des Klimas Südrusslands, also eines allmählichen Übergangs dieses letzteren Gebietes in eine wirklich unwirtliche Steppe, oder ist es die Folge der Anpassung der ursprünglich nur das Klima unwirtlicher Steppen vertragenden Pflanzen an ein besseres Klima? Welchen Einfluss hat auf den Germanen — in physischer wie in psychischer Hinsicht — die Vermengung mit Celten, mit Slaven, mit Letten, mit Franzosen und Italienern ausgeübt? Warum geht das deutsche Element in Südtirol, in Siebenbürgen zurück, während es in Polen zunimmt? Warum hält sich das französische Element in Canada so fest und nimmt daselbst so stark zu, während es im Mutterlande dieses Wachstums sich nicht erfreut? Hat sich das Klima einzelner Länder nachweisbar geändert, in welcher Weise und aus welchen Gründen?

Die rein theoretischen Entwicklungen aus dem Gebiete der wissenschaftlichen Geographie haben sich bisher im wesentlichen auf die mathematisch-astronomischen Fragen und einzelne wenige aus dem Gebiete der physikalischen Geographie beschränkt. In erstgenanntem Teile sind ja bereits grosse Erfolge (Newton, Laplace, Gauss, Green, Bessel) erzielt, vor allem aber ist eine sichere, feste Grundlage für alle weiteren Forschungen geschaffen; neue, grundlegende Ideen sind hier nicht mehr zu erwarten, sondern nur ein Ausbau der vorhandenen Theorien, so namentlich über die wirkliche Gestalt des Geoïds, über die Dichte der Erdmasse u. s. w.

Nur eine Frage scheint mir noch nicht spruchreif zu sein, nämlich die Theorie Schicks, dass Schwerpunkt und Mittelpunkt der Erde nicht koïnzidieren, vielmehr ersterer in Folge der verschiedenen Stellung der attrahierenden und dadurch formbildenden Himmelskörper (Sonne und Mond) eine Bewegung um letzteren macht. Mit der Entscheidung dieser Frage im bejahenden Sinne würde ja eine vollständige Erklärung über Verteilung von Land und Wasser und über die sog. Eiszeit gegeben werden.

Ausser der Lehre vom Magnetismus und ausser ganz vereinzelten Abschnitten aus der physikalischen Geographie besitzen wir noch gar keine festgefügte mathematische Theorie; den Anfang hat jetzt Günther durch sein Lehrbuch der Geophysik erst gemacht. Der Verfasser dieses Aufsatzes hat diesen Mangel als erheblich bereits vor Jahren verschiedenen Geographen ausgesprochen und den Plan zu einem geographischen Lehrbuche entwickelt, welches, soweit wie möglich, die Gesetze auch der ganzen physikalischen Geographie in der exakten Form mathematischer Gleichungen darstellen soll; dabei aber sollen keine höheren mathematischen Kenntnisse vorausgesetzt werden, als ein guter Abiturient auf den höheren Schulen erlangt hat; es würde also ein Handbuch zur Einführung in die Wissenschaft, für zukünftige Lehrer, sein. Der erste Teil des Werkes befindet sich im Druck.

§ 4. Welche Umstände haben bisher der vollen Entfaltung der Geographie als Wissenschaft hemmend entgegengestanden?

Bedenkt man, welch hohen Wert für die gesamte Kultur der Menschheit die volle Entwicklung der Geographie hat, wie sehr schon eine nur allgemeine Kenntnis von der Erde und der auf ihr waltenden Gesetze den Blick des Einzelnen erweitert, ihm erst seine Stellung zu sich, seinen

Nebenmenschen, der äusseren Natur vollständig klar macht, wie nahe liegend aber auch für den Menschen die Erforschung seines Wohnsitzes hätte sein müssen, so wird man es auffallend finden, dass grade die Geographie so wenig sich der Gunst der gebildeten Welt zu erfreuen hatte, dass grade sie so spät zu einer Entwicklung gelangte, und dass sie noch heute nicht jene Anerkennung geniesst, welche ihr gebührt. Die Gründe, welche diese Erscheinung wohl zu erklären vermögen, liegen teilweise in den äusseren Verhältnissen, teilweise aber auch in der Natur der Wissenschaft, beziehungsweise im Stande derselben.

Um mit den letzteren zu beginnen, so hat die Geographie bis jetzt einen sehr niedrigen Platz in den allgemeinen Bildungsmitteln für die Schulen (höheren wie niederen) eingenommen, und auch einnehmen müssen. Jede induktive Wissenschaft beginnt naturgemäss mit der Aufzählung der Thatsachen, der Erscheinungen; sieht man daher von der schon früh entwickelten mathematischen Geographie ab, welche in ihren Anschauungen, Sätzen und Begründungen nur von bereits in den mathematischen Entwicklungen weiter vorgeschrittenen Schülern der höchsten Klassen einer höheren Lehranstalt (école secondaire) erfasst werden kann und zwar auch von ihnen nur zum Teil — nämlich nur soweit als nicht höhere Rechnungen auftreten —, so bestand die Geographie nur in einer Topographie und Aufzählung der Staaten nebst deren politischen Einteilung. Noch in den Lehrbüchern aus nicht lange entschwundener Zeit nehmen diese Zweige fast den gesamten Raum ein; es wurde den Schülern zugemutet, ein unendlich grosses Maass von Namen und Zahlen in sich aufzunehmen, aus denen sie sich später gar keinen Zusammenhang, kein einheitliches Bild herstellen konnten. Schon Schüler von 9—10 Jahren sollten die Lage von möglichst vielen Punkten der Erdoberfläche durch ihre geographische Länge und Breite erlernen (in Graden und Minuten), während die Anschauung von einer freischwebenden Kugel und deren Einteilung nach dem Systeme der Polar-Koordinaten durchschnittlich nach meinen Erfahrungen von Schülern unter 14 Jahren nicht erlangt werden kann. Dadurch wurden die Knaben ermüdet, das zusammenhangslose Wissen einer grossen Menge von Namen und Zahlen ging bei der weiteren Ausbildung wieder verloren, weil auf dem unvollendeten Fundamente kein Bau aufgeführt wurde.

Dieser Fehler der Lehrbücher hatte freilich seine tiefe Begründung darin, dass es einesteils noch keine eigentliche Wissenschaft der Geographie gab, und dass anderseits — auch eine Folge des ersteren Umstandes — eigentliche Lehrer der Geographie weder an höheren oder niederen Schulen noch an den Universitäten vorhanden waren. Auf den Schulen war daher die Geographie immer das Aschenbrödel der Lehrgegenstände; Lehrer, die zu keinem Fache tauglich waren, die keine Disziplin halten konnten oder keine genügende wissenschaftliche Bildung oder keine Lehrgabe hatten, wurden von den Direktoren mit dem Unterrichte in der Geographie betraut. Was in den Stunden alsdann erreicht wurde, lässt sich leicht denken. Für Wandkarten und andere Anschauungsmittel wurde gar nicht gesorgt, manche Anstalten schmückten ihre Wände mit den Gemälden, welche Schüler der Anstalt als Landkarten angefertigt hatten; um diese Gemälde zu charakterisieren, genügt es, wenn man darauf hinweist, dass die Geographie nur in den unteren, höchstens in den mittleren Klassen getrieben wurde, also jene Bilder ihr Dasein der Auffassungsgabe und dem Kunstsinn von höchstens 14jährigen Knaben verdankten! Und wo überhaupt noch gezeichnet wurde, da war der Unterricht durchschnittlich noch am besten! Im übrigen genügte es den Lehrern und den Direktoren — die aufsichtführenden Behörden hatten überhaupt auch kein Interesse an diesem Nebenfache —, wenn die in dem Geschichtsunterrichte vorkommenden Daten einigermassen bekannt waren; die Lage von Sardes, von den griechischen Kolonien Kleinasiens war genau bekannt, dass es eine Stadt Brussa oder Smyrna gab, wusste meist kein einziger Schüler. — Eine erhebliche Besserung brachten für die Schulen schon die guten geographischen Lesebücher (Charakterbilder u. s. w.), welche der lesebegierigen Jugend vielfach recht Vortreffliches boten und in ihr das Interesse für die Geographie wach riefen. Dieses Interesse aber schlief meist wieder ein, weil es eben in der weiteren Ausbildung gar keine Nahrung fand; und wie eine Pflanze, verkümmert auch im menschlichen Geiste jede bestimmte geistige Ausbildung, wenn ihr die Pflege, die äussere Nahrung entzogen wird. Dazu trat noch bei den meisten Schulen der Mangel an Mitteln, um eine gute Schülerbibliothek zu unterhalten, und ein nachhaltiger Einfluss der oben genannten, sonst für die Jugend so vortrefflichen Werke auf die grösseren Schichten unserer gebildeten Welt lässt sich wol nicht constatieren. Da nun aber unsere ganze Jugendbildung wesentlich auf historisch-philologischer Grundlage beruhte und auch noch beruht, so hat die Geographie weitere Kreise nicht für sich zu erwärmen vermocht, und dies um so weniger, als ihre Ausbildung nicht in solcher Weise direkten Nutzen für die Entwicklung von Gewerbe und Industrie bringen konnte, wie dies bei der Mathematik und bei den übrigen induktiven Wissenschaften, namentlich der Chemie und der Physik, der Fall war.

Indem aber die für die höheren Studien herangebildete Jugend aus der Schule kein genügendes Interesse für die Geographie mit ins Leben nahm, blieb diese Wissenschaft auch von den Hauptträgern des kulturellen Lebens, den Staatsbeamten, den Lehrern, den Ärzten und den Geistlichen gänzlich unbeachtet oder wurde gar mit Geringschätzung behandelt; letztere hegten sogar vielfach ein durch nichts gerechtfertigtes Misstrauen, als ob die neue induktive Wissenschaft ihren ohnehin schon durch die Naturwissenschaften schwierigen Stand in der modernen Kultur noch erschweren könnte. Nur der höher gebildete Kaufmann, den seine Art zu denken über enge Grenzen leicht hinausführt, und der auf der Erde stets neue Wege, neue Bahnen für den Handel sucht, war vielfach der Träger und Förderer der Geographie.

Zu diesen hemmenden Umständen traten nun noch weitere äussere Schwierigkeiten hinzu; hierhin gehört die Antipathie weiter Gelehrtenkreise gegen jede induktive Forschungsmethode, die bisweilen geradezu als unwissenschaftlich bezeichnet wurde. Die Hülfswissenschaften für einen wirklich gut fundamentierten Aufbau der Geographie — so namentlich die Ethnographie, die Biologie u. s. f. — fehlten noch gänzlich oder waren selbst noch nicht fest genug gegründet, um bereits als Grundlagen zu einer neuen Wissenschaft dienen zu können. Selbst der deskriptiven Geographie fehlten noch vielfach die Anhaltspunkte; unsere Kenntnisse über das Innere Afrikas, sowol der Sahara als auch des centralen und des südlichen Teiles — ausser den Küsten — waren gleich Null, die durch die dürftigen Nachrichten hervorgerufenen Vorstellungen über diesen Erdteil waren absolut falsch (ich erinnere hier nur an das sogenannte Mondgebirge im Sudan, das nur in der Phantasie existierte; an die Vorstellung, dass die ganze Sahara ein unter dem Meeresniveau liegendes ausgetrocknetes, von losem Sande erfülltes Meeresbecken sei); das „Pamir"plateau kam selbst in ausführlichen Handbüchern nicht vor; dagegen lebten noch vor 50 Jahren vielfach in Büchern geschwänzte Menschen und viele andere Monstra der verschiedensten Art. Entdeckungsreisen zu unternehmen war bei den geringen Hülfsmitteln, die der Einzelne aufwenden konnte (und Einzelnen fiel ja der ganze Aufwand zur Last, da eben grössere Kreise sich für ihr Unternehmen nicht erwärmten), bei der meist ungenügenden Ausrüstung und der absolut unzureichenden Erfahrung, welche eine zweckmässige Vorbereitung ermöglicht hätte, sehr schwierig, gefahrvoll, und dabei entsprachen die Resultate vielfach nicht den aufgewendeten Opfern. Erst unsägliche Verluste an kostbaren Menschenleben durch den Tod edelster Forscher, erst die durch die Technik herbeigeführte Vervollkommnung vieler Ausrüstungsgegenstände haben gelehrt, wie man mit Aussicht auf Erfolg Expeditionen in unbekannte Gebiete ausrüsten soll und kann.

§ 5. Genereller Plan zur Betreibung der Geographie und ihrer Verbreitung.

Fragt man sich nun, welche Wege einzuschlagen sind, um die geographische Wissenschaft zu einem Gemeingut aller Gebildeten, zu einem Sammelpunkte für alle wissenschaftlichen Männer zu machen und für sie auch die weiteren Kreise des Bürgertums, die sonst strengen wissenschaftlichen Forschungen fern bleiben, zu interessieren, so muss die Geographie selbst zunächst streng wissenschaftliche Pfade wandeln, auf methodische Weise einen auf rein exakte Forschung begründeten Bau herstellen, in welchem die Detailforschungen den Ausbau und die Weiterbegründung (Unterstützung) der Theorie übernehmen, wobei aber auch volle Rücksicht auf die fest begründeten Resultate anderer Wissenschaften zu nehmen ist. Die gänzliche Erforschung der Erdoberfläche in ihrem gegenwärtigen Zustande, die systematische Beobachtung aller Erscheinungen, und durch sie die Begründung der Theorie, muss mit aller Energie und mit allen Mitteln angestrebt werden; auf den Lehranstalten jeglicher Art ist der Unterricht von dem historischen vollständig zu trennen, muss von Lehrern, die selbst der Geographie kundig sind, erteilt werden und hat sich nicht blos auf die Topographie zu beschränken, sondern muss — natürlich unter Berücksichtigung der Fassungskraft der Schüler auf den verschiedenen Stufen — das Wissenswerteste aus der allgemeinen physikalischen, aus der astronomischen Geographie und aus der Ethnographie lehren, und daher so erteilt werden, dass mit dem Abschlusse des Unterrichtes ein klares Bild von der Erde als Ganzem und in ihren Teilen, von dem Zusammenhange des Menschen mit der Natur gegeben ist.

Um dies aber erreichen zu können, müssen auf den Seminarien und auf den Universitäten tüchtige Lehrer der Wissenschaft erzogen werden; es muss das von den zukünftigen Lehrern abzulegende Staatsexamen von denjenigen, die in anderen Fächern ihre Lehrbefähigung nachweisen wollen, doch auch eine allgemeine Übersicht über die Oberfläche der Erde und über die Beziehungen des Menschen zur Erde verlangen, während diejenigen, welche selbst die Jugend in der Geographie unterrichten und in ihr die Lust zu der Wissenschaft wecken und sie zum Eindringen in dieselbe anleiten wollen, auch den Nachweis liefern müssen, dass sie selbst in allen Teilen der Geographie — nicht blos in irgend einem Teile — wirklich genügende Kenntnisse besitzen, und dass sie auch mit den Hülfswissenschaften soweit vertraut sind, dass sie geographisch-wissenschaftliche Fragen selbständig behandeln und zur Lösung bringen können.

Wird aber einmal von tüchtigen Lehrern eine Jugend herangebildet, welche der Geographie Verständnis und mit letzterem auch Interesse entgegenbringt, so werden die weiteren Forschungen und Arbeiten nirgends mehr der Teilnahmlosigkeit des Publikums begegnen, die ganze gebildete Welt vielmehr wird sich freuen, von dem Fortschreiten der Wissenschaft zu vernehmen, und wird sich beeifern, die Arbeiten soweit sie kann zu stützen und zu fördern.

Aber auch das weitere Publikum, das keine höhere Schule absolviert hat, wird für diese Wissenschaft entschieden zu interessieren sein durch öffentliche Vorträge, Museen u. dgl. m.

Besondere Vorschläge.

§ 6. Speciellerer Plan zur weiteren Erforschung der noch nicht bekannten Länder.

Der Zug Stanleys durch den „dark continent" hat in der ganzen Geschichte der Menschheit nur einen Zug, der sich ihm zur Seite stellen lässt: das ist Hannibals Zug über die Alpen. Wer in der schlichten Erzählung des Helden liest, der auf Jahre dem Verkehr mit gebildeten Menschen entsagte und die schlimmsten Drangsale, den fast steten Kampf um das nackte Leben und um die einfachsten Lebensmittel lediglich im Dienste der Idee ertrug, das äquatoriale Afrika zu durchkreuzen und so die Bahn für weitere Forschungsreisen, dann aber auch für die Kultur und den Weltverkehr zu eröffnen, der staunt und wird von Bewunderung und von Verehrung ergriffen für den Mann, dessen Energie so Grosses geleistet hat, und der trotz seiner bewunderungswürdigen Leistungen so bescheiden geblieben ist. Er hat uns gezeigt, was der Kulturmensch vermag, wenn er eine Aufgabe im Interesse der Wissenschaft mit Ernst erfasst, mit Umsicht vorbereitet, mit eiserner Konsequenz durchführt. Das Verdienst dieses Forschers kann nicht hoch genug angeschlagen werden, er hat mit einem Schlage unsere gesamte Anschauung über Central-Afrika geändert und den Weg gezeigt, wie Forschungsreisen einzurichten sind, um einen der aufgewendeten Mühe auch in etwa entsprechenden Erfolg zu sichern. Durch ihn ist zunächst das Hauptinteresse auf das reiche Kongobecken gerichtet worden, wo der Forschungsaufgaben noch so viele zu lösen sind, wo aber auch gleichzeitig für die Ausbreitung der Civilisation, für die Entwicklung des Handels, für die Gewinnung der reichen Naturschätze ein fruchtbares Gebiet erschlossen worden ist.

Von ausserordentlichem Vorteile für die weitere Erforschung dieses Gebietes, sowie von ganz Central-Afrika wird sich die Organisation der „Société internationale etc.“ erweisen, da durch sie den Regungen nationaler Eitelkeit, welche auf die volle Entfaltung der Kräfte der Kulturvölker in der angedeuteten Richtung leicht einen lähmenden Einfluss ausüben könnte, vorgebeugt ist, und zum ersten Male in der ganzen Geschichte der Entdeckungen nicht die einseitige Ausdehnung der Machtsphäre irgend eines Volkes, nicht die Erweiterung des Absatzgebietes für die Industrie des die sogenannte Kolonisation übernehmenden Reiches, zum Behufe der Ausbeutung der geistig noch niedrig stehenden Rassen durch die höher stehenden und dadurch mächtigeren, sondern die wissenschaftliche Erforschung des Landes im Interesse der Wissenschaft und der Kultur, die Hebung des Volkes und seines Wohlstandes und die Nutzbarmachung der Schätze des Landes für die Eingeborenen und für die Fremden der Zweck der Erforschung reicher und dicht bewohnter Länder ist. Belgien und sein edler, menschenfreundlicher König haben sich durch die Gründung dieser Gesellschaft hohe Verdienste um die ganze Menschheit und speciell um die Entwicklung der Geographie erworben; sie haben vor allem den richtigen Weg gezeigt, auf dem die weitere planmässige Erforschung der Erde zu erfolgen hat.

Dass die meisten Entdeckungsreisen so unverhältnismässig grosse Opfer, namentlich auch an Leben tüchtiger Männer erfordert haben, dass sie häufig nicht jene Resultate erzielten, welche man glaubte von ihnen erwarten zu dürfen, wird wohl auf verschiedene Ursachen zurückzuführen sein; in erster Linie glaube ich, dass neben der — in Folge ungenauer Schätzung der Bedürfnisse, der Gefahren auf der Reise und anderer Dinge mehr — ungenügenden Ausrüstung der Expedition und neben den selbst elementaren Fehlern bei der Ausführung die nicht genügende Planmässigkeit der Forschungsreisen den Hauptfaktor gebildet haben, welcher die Erfolge der Reisen schmälerte. Es liegt in der Natur der Sache und bedarf gar keiner weiteren Beweise, dass ein wohldurchdachter Plan, der sich über die allmähliche, stückweise Fortführung der Exploration ferner Länder unter genauer Berücksichtigung aller bereits bekannter Umstände, namentlich auch der Gebräuche, Sitten und Sprachen der in den zu erforschenden Gegenden wohnenden Völker — soweit man davon bereits Kenntnis hat — erstreckt, viel mehr Aussicht auf Erfolg hat, als wenn ein Einzelner in seinem Drange nach wissenschaftlicher Erforschung auf seine eigene Idee hin sich selbstlos mit seiner ganzen, geistigen und körperlichen Kraft der Lösung einer ausser dem Zusammenhange eines grossen Planes stehenden Frage hingiebt. Wie viel reicher würden (wenigstens nach meiner Überzeugung) die Ergebnisse der Reisen des unsterblichen Livingstone gewesen sein, wenn er dieselben in Übereinstimmung mit einem grösseren Plane, der von einer mächtigen Gesellschaft vertreten gewesen wäre, ausgeführt hätte, und nun durch zeitweise Karawanen oder Boten ein Verkehr zwischen der Kulturwelt und ihm (seitens jener Gesellschaft) eingerichtet gewesen wäre? Die Zuführung neuer Tauschmittel würde ihm die Fortsetzung seiner Forschungen erleichtert haben, während er die Ergebnisse seiner Reisen und seine Wünsche in Betreff weiterer Zusendungen immer hätte mitteilen können. Man wende hier nicht ein, dass solch eine Verbindung unmöglich gewesen wäre; wenn dieselbe in vorher festgestelltem Plane gelegen, so hätte sie sich wohl ermöglichen lassen; ein gegenseitiges Suchen zwischen dem Forscher und der ihm nachgesandten Hülfe innerhalb einer festgesetzten Zone in einer bestimmten Zeit wäre sicher nicht erfolglos gewesen.

Zur Aufstellung oder Beratung eines umfassenden Planes wäre aber nur berechtigt und im Stande eine grosse und zwar internationale Gesellschaft, deren gesamtes Vermögen, ebenso wie die in ihren Diensten stehenden Personen gegenüber allen Kulturvölkern neutral sein müssen. Eine solche Gesellschaft darf nicht national sein, da sie sonst leicht nicht über alle Mittel und Ergebnisse der Forschungen anderer Völker verfügen könnte, und ihr leicht durch Eifersüchteleien in politisch erregten Zeiten namentlich dort in ihren Forschungsarbeiten Schwierigkeiten erwachsen würden, wo ein fremdes, der betreffenden Nation augenblicklich feindlich gegenüberstehendes Volk die äussere Macht hat. — Weil nun die Arbeiten der Gesellschaft im Interesse der Wissenschaft, der Kultur und der ganzen Menschheit, nicht aber in demjenigen eines einzelnen Volkes stehen, so muss die Gesellschaft mit ihrem ganzen mobilen und immobilen Vermögen unverletzlich sein, und ebenso müssen die in ihrem Dienste arbeitenden Männer sich jeder Zeit ihrer wissenschaftlichen Aufgabe widmen können, ohne Gefahr zu laufen, bei einem etwa in Europa ausbrechenden Kriege durch die Vertreter einer gegnerischen Nation gestört zu werden oder vielleicht sogar die gesamten Früchte langjähriger Arbeiten vernichtet zu sehen; der im fremden Lande wissenschaftlich thätige Mann muss sicher sein, bei jedem Vertreter einer jeden Nation, die Anspruch auf Kultur macht, Schutz und Förderung zu finden.

Eine solche internationale Gesellschaft für die Erdkunde kann nur durch Übereinstimmung der hauptsächlichsten Kulturvölker ins Leben gerufen werden; die erste Anregung zu derselben kann nur von einem kleineren Staate ausgehen, der durch sein Auftreten sich nicht dem Verdachte aussetzt, unter dem Mantel der Uneigennützigkeit nur eigne Politik zu treiben; ebenso darf der Sitz der Gesellschaft aus naheliegenden Gründen nur in einem kleineren europäischen Staate in eine möglichst leicht zugängliche Stadt verlegt werden. Es könnten daher wohl nur in Frage kommen die Länder bezw. ihre Hauptstädte: Schweiz-Bern, Belgien-Brüssel, Holland-Amsterdam, Dänemark - Kopenhagen, Schweden - Stockholm. Unter diesen würde aus mehrfachen Gründen wohl Belgien-Brüssel am meisten zu empfehlen sein. Bei aller Anerkennung der mächtigen Förderung, welche Se. Majestät der König von Schweden den Wissenschaften angedeihen lässt, ist doch an dem Umstande nichts zu ändern, dass Stockholm zu weit abseits vom Centrum der Kulturstaaten Europas gelegen ist, und zudem ist das Land (ebenso wie Dänemark und Holland) nicht neutral, könnte also bei einem Kriege europäischer Mächte in Mitleidenschaft gezogen werden. Es könnten aus diesem Grunde also nur Belgien und die Schweiz noch in Frage kommen; aber letzteres Land liegt so entfernt vom Meere, dass es mit den für die Entwicklung der Geographie notwendigen Seereisen doch auf ein zweites Land angewiesen wäre. Belgien bietet dagegen alles das, was von einem Lande, das den Sitz einer solchen internationalen Gesellschaft bilden soll, verlangt werden kann. Brüssel liegt inmitten Europas, auf der Sprachscheide des Deutschen und des Französischen; der grosse Hafen Antwerpen bietet einen natürlichen Ausgangspunkt für die Seereisen; Se. Majestät der König Leopold II. hat das höchste Interesse für die Entwicklung der Geographie bereits praktisch bethätigt und die bereits bestehende Société internationale würde leicht den Kern zu der erweiterten Gesellschaft abgeben können.

Diese neue Gesellschaft müsste die Form einer Académie

internationale de la géographie haben, deren einzelne Mitglieder (auf Vorschlag der verschiedenen nationalen Akademien der Wissenschaften) von denjenigen Staaten in einer durch das Statut vorgeschlagenen Anzahl ernannt würden, die zu den Kosten des Instituts beitragen. Dasselbe müsste den Centralpunkt aller Forschungen auf dem Gebiete der Geographie abgeben, und daher im wesentlichen folgende Einrichtungen besitzen, bezw. folgenden Anforderungen genügen:

1) Ein ausgedehntes Museum, welches alle bekannten, für die physikalische Geographie, für die Pflanzen- und Tiergeographie und für die Ethnographie wichtigen Gegenstände in übersichtlicher Weise (also nach Ländergruppen und innerhalb derselben nach einem einheitlichen Plane geordnet) enthält;

2) Eine Bibliothek, die alle Bücher und Schriften enthält, die direkt oder indirekt auf geographische Fragen Bezug haben;

3) Eine Sammlung aller Kartenwerke, welche über ganze Länder und einzelne Teile derselben erscheinen.

Anfügung weiterer für die Ausrüstung der Forschungsreisenden notwendiger Requisiten wäre auch möglich.

Diese Mittel, in übersichtlicher Weise geordnet, würden für jeden das wissenschaftliche Material bieten, dessen er zur Ausrüstung zu einer mit Aussicht auf Erfolg zu unternehmenden Forschungsreise und zu anderen wissenschaftlich-geographischen Arbeiten bedarf; es würde also ein jeder, der selbst thätig mitarbeiten will an der Förderung der Geographie, von selbst darauf angewiesen sein, bei der internationalen Akademie Rat und Hülfe zu suchen, und nach der Ausführung würde er auch gern bereit sein, die Resultate seiner Forschungen hier niederzulegen.

Die Mitglieder der Akademie selbst würden — von der inneren Organisation kann natürlich hier, als viel zu weit führend, nicht die Rede sein — in Sektionen je nach den zu erforschenden Ländern u. s. f. geteilt, generelle Pläne zur Durchforschung der noch unbekannten oder noch nicht von einem Kulturvolk direkt in Kolonisation genommenen Länder und der Oceane, zur Beobachtung der für die Wissenschaft notwendigen Daten aus den physikalischen Erscheinungen aufstellen, die Errichtung von Stationen an geeigneten Plätzen zur Kompletierung der Ausrüstung und als Ausgangspunkt für Expeditionen veranlassen und alle jene Massregeln ergreifen, welche geeignet erscheinen, die Forschungen zu fördern, zu neuen wichtig erscheinenden Reisen und Arbeiten anzuregen.

Der internationale Geographen-Kongress kann die Organisation einer internationalen Akademie nicht ersetzen; denn er kann wohl anregend, hinweisend, nie aber organisierend, die Resultate zusammenfassend, wirken. Im wissenschaftlichen Gebiet hat er ja bereits fördernd eingegriffen, namentlich auch durch die Festsetzung eines gemeinsamen Nullmeridianes für alle wissenschaftlichen Arbeiten. Bedauerlich ist, dass hierbei ein Faktor gänzlich übersehen worden ist: das ist die kartographische Darstellung der Hemisphären für Schulzwecke. Es ist selbstverständlich, dass die für die Lehranstalten herzustellenden Karten kein anderes Koordinatensystem zu Grunde legen dürfen, als die übrigen Darstellungen. Selbst für Schüler von 14 Jahren (also Tertianer) ist die Vorstellung der Meridianeinteilung der Erde noch durchaus nicht leicht; ein jüngerer Schüler lernt wohl die Namen „Meridian“ und „Parallelkreis“ auswendig, verbindet damit jedoch noch keine Vorstellung; eine Karte der Planigloben muss nun, damit überhaupt eine Zählung von 0^0 an für den Schüler möglich, die Meridiane 0^0 und 180^0 als umgrenzende Kreise haben, von denen aus dann in den Karten die Meridiane gezählt werden (bei einer Karte in Mercators Projektion ist 0^0 immer als Mittelsenkrechte zu nehmen, von der aus um 180^0 nach W. und nach O. gerechnet wird). Nun denke man sich zwei Planigloben mit dem gewählten 0 Meridian als Teilkreis gezeichnet! Wird dann je ein Schüler ein Bild von Europa und seinen Ländern erhalten? Wäre es nicht möglich gewesen, die Zählung und Rechnung mit dem um 20^0 westlich von Greenwich gelegenen Meridiane zu beginnen? Für die wissenschaftlichen Arbeiten dürfte es keine Schwierigkeiten haben, 20° (bezw. $1^h 20^m$) zu addieren oder zu subtrahieren, und für die Schulzwecke wäre wesentlich viel gewonnen worden. Dass in letzterem Falle die Datumsgrenze westlich von Neuseeland zu liegen käme, kann wohl kaum ein wesentliches Bedenken haben; eine Umänderung des Datums braucht ja — wie es schon jetzt bei verschiedenen Inselgruppen der Fall ist — nicht genau auf einem Meridiane zu erfolgen.

§ 7. Die Ausbildung der wissenschaftlichen Geographie.

Haben wir im Vorhergehenden als ein wesentliches Mittel zur Förderung der Kenntnis unseres Erdballes die Centralisation durch die Gründung einer internationalen Akademie erkannt, so würde letztere auch der Verarbeitung der aus den Beobachtungen gewonnenen Resultate in mehrfacher Weise Rechnung tragen können. So hoch auch die Leistungen einzelner geographischer Gesellschaften (namentlich die der englischen Royal Society, welche durch die Weltstellung Englands die reichsten und ergiebigsten Verbindungen hatte, und welcher das Material fast von selbst von allen Seiten zufloss), und die unvergleichlichen Arbeiten des geographischen Institutes von Perthes zu schätzen sind, so fehlt uns doch eine systematische Übersicht über alle — in den verschiedenen Kulturländern und Sprachen — erschienenen geographischen Werke und Aufsätze; ein solches Sammelwerk, wie es andere induktive Wissenschaften bereits jahrelang zum grossen Nutzen der weiteren Ausbildung besitzen (ich erinnere z. B. an die „Berliner Fortschritte“ in der Physik, an den „Botanischen Jahresbericht“ von Just) müsste in möglichster Kürze nur den Inhalt (keine Rezension) aller geographischen Erscheinungen (Karten, Bücher, Aufsätze), und eine kurze Angabe der Entdeckungen, Beobachtungen u. s. w. des betreffenden Jahres geben (ähnlich der früher erschienenen Registrande des preussischen Generalstabs). Wie viel unnötige Arbeit, wie viel vergebliches Suchen würde vermieden, wie leicht würde an eine Arbeit, die bei einem Volke begonnen, von einem Forscher anderer Nationalität angeschlossen werden können! Die Mitglieder der Akademie brauchten nicht selbst die Sammelarbeit zu übernehmen, dazu würden sie gern in jedem Lande hülfsbereite wissenschaftliche Männer in genügender Zahl finden; nur müsste die Akademie die Arbeit überwachen und die Herausgabe besorgen.

In diesem Sammelwerke könnten auch die Hülfswissenschaften der Geographie Berücksichtigung finden, und könnten die Resultate anderer Wissenschaften — wenn dies möglich und thunlich erschiene, — soweit sie auf unsere Anschauungen in der Geographie von bestimmendem Einflusse sind, durch kurze Notizen Berücksichtigung finden, und würde dadurch die Wissenschaftlichkeit der Geographie und ihr Ansehen in der wissenschaftlichen Welt wesentlich gewinnen. Ich erlaube mir hier nur des Beispiels halber einen Punkt, die Theorie über die Konstitution des Erdinnern anzuführen. Es ist wohl kaum irgend eine Ansicht über diese Bildung denkbar, die nicht schon als Ergebnis der (deduktiven) Forschungen hingestellt worden wäre. Die Erde sollte nach Volgers Ansicht eine Hohlkugel sein, ähnlich wie der Wasserdunst in der Luft in kleinen Bläschen suspendiert sei; nach einer andern Ansicht (Mohr) ist sie fest durch und durch, alle Ablagerungen sind aus wässriger Lösung entstanden, selbst die vulkanischen Gesteine sind auf neptunischem Wege erzeugt; wieder andere lassen in der sonst festen Erde lokale Wärmeherde durch die Reibung der bei der allgemeinen Abkühlung der Erde sich zusammenziehenden Schichten entstehen, welche dann die Centra vulkanischer Erscheinungen bilden; in neuerer Zeit macht sich die Meinung geltend, dass im Innern die Erde fest und die Erdrinde ebenfalls fest sei, dass aber beide durch eine plastische Schicht getrennt seien. Die ursprünglich Laplace-Kantsche Theorie ist fast gänzlich verlassen, und deduktive Gründe aller Art werden angeführt, dass die Erde im Innern keine so hohe Temperatur besitzen könne, als man nach jener Theorie annehme, dass namentlich die Erde im Innern nicht feurig-flüssig und noch weniger aber gasförmig flüssig sein könne, wie jene Theorie der hohen Temperaturen voraussetze. Alle diese Ansichten werden durch keine mathematische Beweisführung gestützt, zum Teil widersprechen sie sogar ganz elementaren physikalischen Gesetzen. So kann z. B. die schwerflüssige Masse der Vulkane, da sie an den festen Wänden der Krater eine sehr grosse Reibung zu überwinden hat, nur durch einen Druck emporgehoben werden, der bedeutend grösser ist als das Gewicht der gehobenen Masse (alles natürlich auf den Querschnitt 1 bezogen); wenn also flüssige oder feste Massen diese Hebung verursachen sollen, so müsste die Höhe der hebenden Schichten wesentlich bedeutender sein, als die der gehobenen, was bei der Thatsache, dass die meisten Vulkane über ihre Umgebung (selbst in grosser Entfernung) weit emporragen, absolut unmöglich ist. Dabei wird durch Huggins u. a. neue Entdeckungen auf dem Gebiete der physikalischen Astronomie die Laplacesehe Theorie eigentlich ganz aus der Reihe der Hypothesen in das Gebiet der Thatsachen hinübergezogen, sodass wir uns die Erde ebenso wie alle übrigen Weltkörper als aus dem feurig flüssigen bezw. gasförmigen Zustand durch Abkühlung und demgemässe Kontraktion entstanden denken müssen. Die alsdann anwendbare analytische Wärmetheorie zeigt aber, wie die Wärme nach dem Innern zunehmen muss, freilich nicht in jener absolut gleichförmigen Weise, als wenn die Erde ein völlig homogener Körper wäre. Die Beobachtung der Vorgänge auf der Sonne bei der Bildung der Protuberanzen zeigt aber auch, dass bei hohem Drucke und sehr hoher (für uns unmessbarer) Temperatur gasförmige Körper in einen so dichten Zustand übergehen, wie wir uns solchen mit unseren Mitteln nicht herstellen und deshalb auch nicht vorstellen können. Im Gegensatze zu der mathematischen Theorie kann man daher den Beobachtungen sicher nicht solche philosophische Deduktionen über die Dichte entgegenstellen, bezw. jene gar als unrichtig einfach bei Seite schieben oder ignorieren.

Dass ein solches Verfahren die Achtung der Vertreter der übrigen — exakten wie deduktiven — Wissenschaften vor der jungen, noch aufstrebenden Wissenschaft nicht zu erhöhen vermag, sondern leicht dazu führt, letztere durchaus nicht als ihren Schwestern ebenbürtig zu betrachten, ist klar. Jede neu sich entwickelnde Wissenschaft muss aber in erster Linie dahin streben, durch strengste Beobachtung der jeweiligen Forschungsmethode, durch genaueste Berücksichtigung der übrigen Zweige des menschlichen Forschens und deren sicheren Resultate sich die Achtung und die Gleichberechtigung mit ihren älteren, bereits wol versorgten Schwestern zu erringen; und dies ist bei einer auf der induktiven Methode beruhenden Wissenschaft um so wichtiger, als die Vertreter der Deduktion noch lange nicht die Induktion als gleichberechtigt ansehen und z. B. in Deutschland die auf letzterer beruhende, gegenüber der auf der Deduktion basierenden Bildung als minderwertig gilt, so dass diejenigen Schüler, deren Bildungsgang die Induktion stärker betont hat, die meisten Staatsämter, ja sogar den Zutritt zu der Medizin, dieser hervorragend induktiven Wissenschaft, für sich verschlossen sehen, während die auf dem anderen Wege unterrichtete Jugend zu allen Ämtern und Würden Zutritt hat. Im eignen Interesse hat die Geographie auch die Verpflichtung für die gleiche Berechtigung beider Schlussarten in der Wissenschaft (und damit auch in der Bildung der Jugend) einzutreten.

Es möge an dieser Stelle noch ein zweites Beispiel für die Verwertung der Resultate der übrigen Wissenschaften in der Geographie angeführt werden; das ist die Anwendung der mechanischen Wärmetheorie für die Metereologie. Fast in allen Lehrbüchern findet sich noch der Ausdruck (beziehungsweise ein ähnlicher): „Wird die atmosphärische Luft erwärmt, so dehnt sie sich aus (sie wird aufgelockert), und damit wird sie leichter, somit muss das Barometer sinken.“ Das Barometer misst direkt nur die Expansion der Luft, nicht aber die Schwere; beim Gleichgewichte muss die Luftschicht auf der Erde durch ihre Expansion dem Drucke der gesamten oberen Luftschicht, die nicht einen Cylinder (die landläufige Vorstellung), sondern einen abgestumpften Kegel bildet, das Gleichgewicht halten. Tritt nun durch den Sonnenschein eine starke Erwärmung der unteren Luftschicht ein, so dehnt sich dieselbe gemäss des Gay-Lussac-Mariotteschen Gesetzes aus, sie wird specifisch leichter, gleichzeitig wird aber die Expansion, d. h. die Energie, mit welcher die Gasmoleküle sich gegenseitig abstossen, grösser, und daher steigt das Barometer, während das Gewicht, der Druck der über der erwärmten Schicht stehenden Luftsäule, noch gegen früher genau unverändert bleibt; wäre also das Barometer nicht Expansions-, sondern Schweremesser für die über ihm befindliche Luftsäule, so könnte nur dann eine Änderung im Stande desselben stattfinden, wenn die Luftmenge verringert würde, oder die Luft eine solche starke seitliche Bewegung erhielte, dass bei der Zerlegung der diese Bewegung hervorbringenden Kräfte eine messbare Komponente in entgegengesetzter Richtung zur Gravitation sich ergäbe. Die gewöhnliche Vorstellung ist also nicht richtig, beziehungsweise ist mindestens der Ausdruck nicht exakt.

Durch Aussetzung von Preisen für solche wichtige Fragen, welche eine Theorie abschliessen, beziehungsweise erheblich fördern und ihrem Abschlusse näher bringen könnten, durch Veranstaltung von Vorlesungen, über deren Wichtigkeit noch später diskutiert werden wird, durch Bestimmung der bei Beobachtungen physikalischer Erscheinungen anzuwendenden Methoden, durch eigne wissenschaftliche Arbeiten der Mitglieder u. s. f. würde die Akademie zur Förderung der Geographie mächtig beizutragen im Stande sein. Ich möchte hier nur wenige höchst interessante Fragen, deren Lösung im Interesse der Wissenschaft dringend wünschenswert ist, und deren Bearbeitung durch eine Akademie veranlasst werden kann, kurz berühren: Mathematischer Nachweis und eventuelle Prüfung durch die bisherigen Beobachtungen, ob die Theorie Schicks von der Verschiebung des Schwerpunktes der Erdkugel und der dadurch bedingten Veränderungen in der Verteilung der Oceane und des festen Landes auf die nördliche und südliche Erdhälfte richtig ist; Verlauf des Windes von seinem Ursprunge bis zu seinem Verschwinden (also mathematisch genauer Nachweis, woher die durch den Wind weitergetriebene Menge Luft kommt, beziehungsweise wohin sie geführt wird); Bewegung des Kalmengürtels auf der Erdoberfläche (Theorie und Beobachtung auf der ganzen Erdoberfläche).

§ 8. Geographische Landesvereine.

Sind im Vorhergehenden in den allgemeinsten Umrissen das Ziel und die Methode angegeben für eine wissenschaftliche Erforschung der Erde und für die Feststellung der Grundlagen, die zu einer theoretischen allgemeinen Geographie dienen können, und ist hierbei die hauptsächliche, ordnende und sammelnde Aufgabe einer internationalen Akademie zugefallen, so bleiben den nationalen geographischen Gesellschaften doch noch viele hohe und wichtige Aufgaben vorbehalten, in erster Linie aber die Begründung und Förderung der wissenschaftlichen Heimatkunde und eventuelle Erforschung derjenigen Länder, welche als Kolonien oder in irgend einer anderen Weise in abhängiger Beziehung zu dem betreffenden Lande stehen. Dieser Detailarbeiten, wenn ich mich hier dieses Ausdruckes bedienen darf, giebt es noch eine grosse Anzahl und von ihrer richtigen Ausführung hängt gar manche grössere, selbst ins sociale Leben bisweilen tief einschneidende Frage ab.

Zunächst sind es an den Küsten die Erscheinungen der Ebbe und Flut, des Steigens des Wassers in Folge von Stürmen und anderen Ursachen, regelmässiger oder intermittierender etwaiger Strömungen, die Bildung von Bänken und Untiefen, die Zerreissung von Dämmen und Deichen, bemerkbare Veränderungen an den Niveaus des Meeres und des Landes, Beobachtung über die Fauna und Flora des Küstengebietes und des Meeres in seinen verschiedenen Tiefen u. v. a. m. Das Gebirge in seinem Gestaltenreichtum und mit seinen stetigen kleinen Änderungen giebt vielfach Anregung zu genauen Untersuchungen und Beobachtungen; wie manches hier noch zu schaffen und zu wirken ist, wie wichtige Fragen hier noch ihrer Lösung harren, das zeigen die thätigen Bestrebungen der Vereine zur wissenschaftlichen Erforschung der Alpen. Die Quellen, die Flussläufe, die Erosionsthäler, die Bildung der Binnenseeen, namentlich auch der Seeen in den Kratern, die unterirdischen Wasserläufe bieten noch für Jahrhunderte hinaus reichen Stoff zur Forschung. — Ich will hier einige Fragen von vielleicht einschneidender Bedeutung hervorheben. Die Wassermenge eines kleinen Baches, der von der Quelle bis zu seiner Einmündung in einen grösseren Fluss keine weitere Quelle aufnimmt, auch nicht etwa durch besondere Anlagen (Mauerwerk, Mühlen, künstliche Teiche u. s. f.) in seinen natürlichen Verhältnissen gestört wird, giebt leicht die Mittel, die Grösse der Verdunstung des fliessenden Wassers unter den verschiedensten Verhältnissen zu bestimmen, sowie die Stärke der Quellen als Funktion von der Grösse des Niederschlags darzustellen; die von dem Bache — bei Regenwetter und bei Trockenheit — mechanisch mitgeführten festen ebenso wie die chemisch aufgelösten Bestandteile lassen auf die Zeit schliessen, die zur Bildung des von dem Bache ausgewaschenen Thales gehören, u. s. f.

Am Rhein und an seinen Nebenflüssen lässt sich an vielen Stellen nachweisen, dass in den Erosionsquerthälern die Ebene, in der die Stromrichtung und die auf den durchsägten Schichten errichtete Normale liegen, senkrecht auf den Schichtungsebenen der Gesteine steht, aus welchem Gesetze sich die Krümmungen der Ströme leicht erklären lassen; kann man dieses Gesetz allgemein in allen Querthälern nachweisen? Denkbar wäre es, da der Widerstand der Schichten in jener Ebene am geringsten, der Druck des Wassers aber in der Stromrichtung am grössten ist.

Ethnographische Fragen, klimatische Verhältnisse, Flora

und Fauna geben sodann auch Gelegenheit, den Kreis der Forschung weiter zu ziehen. Hat sich z. B. die Flora eines Bezirkes geändert, sowol durch Verschwinden früher auftretender Pflanzen (so z. B. vieler Orchideen, namentlich Cypripedium) oder durch das Auftreten früher unbekannter Arten (z. B. Erigeron canadense u. a. m.)?

Welche Beweise kann man anführen dafür, dass das Klima bestimmter Gegenden sich geändert hat? In welcher Weise vollzieht sich die durch Eintreten einer anderen Windströmung bedingte Änderung des Wetters für eine einzelne Gegend? Welchen Einfluss haben hierbei die Gebirge, die Thalbildungen, die Nadel- und die Laubholzwälder? Tritt z. B. ein rascher Umschwung des Wetters im westlichen Deutschland ein, so werden die kleinen Thäler der Gebirge nicht sofort berührt, sondern nehmen die Änderung nur sehr allmählich an; bei heftigen Südweststürmen einer schnell nach Osten fortschreitenden Cyklone behalten kleinere Thäler noch ihre frühere kalte Luft, während sonst starke Erwärmung eintritt; auch für den umgekehrten Fall liegen mir viele Beobachtungen aus dem hiesigen Bezirke vor. Die geographischen Vereine eines Landes oder einer Provinz müssten einzelne Gegenden mit einem vollständigen Netze von Beobachtungsstationen überspannen, um in die metereologisch-klimatischen Verhältnisse Klarheit zu bringen. Es ist mir bisher nicht gelungen, für die Fragen Behörden zu interessieren, aus eignen Mitteln habe ich eine Reihe von Beobachtungsstationen eingerichtet gehabt und observieren lassen.

Der deutsche Geographentag hat einen meiner Meinung nach sehr glücklichen Weg eingeschlagen, das wissenschaftliche Studium der Heimat zu beleben und zu fördern, indem er zunächst das zerstreute, bereits vorhandene Material sammelt und in übersichtlicher Ordnung veröffentlicht, was bereits gearbeitet ist, woraus sofort sich ergiebt, was zu thun noch übrig ist.

Eine weitere Aufgabe der nationalen Vereine würde die Popularisierung der Geographie sein, wenn dieser Ausdruck gestattet ist; dieselben müssen das Volk für die Wissenschaft zu interessieren suchen; und hierzu dienen neben den bei der Methodologie des Unterrichtes zu berücksichtigenden Momente, durch welche schon bei der Schuljugend bereits ein gewisses Verständnis und eine gewisse Sympathie für die Geographie erzeugt werden muss, vor allem die Veranstaltung populär-wissenschaftlicher Vorträge über die verschiedensten, in das Volksleben tiefer einschneidenden Fragen aus der Geographie, Veranlassung zur Herausgabe guter, bildender Lesebücher, und namentlich auch die Errichtung guter Museen, welche namentlich die Heimat voll berücksichtigen, und welche durch ihre Sammlungen dem Einzelnen erst zum vollen Bewustsein bringen, welchen Reichtum die Oberfläche der engeren Heimat bietet, wie viel an der Gestaltung des Bodens, an Menschen, Tier- und Pflanzenwelt, an Klima und Bodenprodukten u. a. m. zu beachten ist.

§ 9. Die Geographie auf den Hochschulen.

Die Zeit liegt noch nicht weit hinter uns, wo auf den Universitäten überhaupt noch gar keine Geographie gelehrt wurde, Professoren für diese Wissenschaft noch unbekannt waren; die Universität Bonn besass lange Jahre in der Person des Herrn Professors Dr. Mendelsohn einen höchst liebenswürdigen Vertreter der Wissenschaft, in allen Indices scholarum der Universität, die mir zugänglich waren, habe ich aber eine Vorlesung desselben nicht angezeigt gefunden, sodass der genannte Professor also jedenfalls durch seine Lehre nicht zur Förderung der von ihm vertretenen Wissenschaft beigetragen hat. Jetzt besitzt in Deutschland wenigstens die grössere Zahl der Universitäten ordentliche Professoren der Geographie, und es ist dringend wünschenswert, und die berufenen Vertreter der wissenschaftlichen Hochschulen müssen dahin streben, dass an allen die Wissenschaft der Geographie durch besondere Fachgelehrte in gleicher Weise gelehrt werde, wie die übrigen Disziplinen. Bei der ungemein grossen Ausdehnung der neuen Wissenschaft wird es nicht lange währen, dass eine Person — und möge sie geistig noch so umfassend, noch so bedeutend sein — die gesamte Wissenschaft zu vertreten vermag; es wird sich vielmehr bald als unumgänglich notwendig erweisen, dass die verschiedenen Zweige auch verschiedene Vertreter finden, wie dies ja auch bei der Mathematik u. s. f. bereits der Fall ist. Jedenfalls muss einstweilen der einzige ordentliche Professor durch Rücksprache mit seinen übrigen Kollegen der Universität versuchen, zu veranlassen, dass andere Herren ihn durch entsprechende Kollegien — wie über mathematische Geographie, Metereologie, Anthropologie, Ethnographie — unterstützen, und dass es dadurch möglich wird, dass jeder wichtige Teil der Geographie innerhalb dreier Jahre einmal vorgetragen wird. Ich hebe diesen Umstand hier ausdrücklich hervor, weil man nur dann von den zukünftigen Lehrern der Geographie auch eine vollständige Ausbildung verlangen kann, wenn denselben auch während des Studiums die Gelegenheit gegeben war, diese allseitige Ausbildung zu erlangen; in anderen Fächern habe ich z. B. schon festgestellt, dass, obschon in einer Wissenschaft (Klassische Philologie) an einer Universität nicht weniger als fünf Vertreter vorhanden waren, doch eine höchst wichtige Partie während vier auf einanderfolgender Jahre nicht einmal in einem College zum Vortrag kam.

Unter den Collegien müssen jedenfalls eine hervorragende Stelle einnehmen diejenigen über Methodik des geographischen Unterrichtes und über Schulgeographie, wenigstens in den ersten Jahrzehnten, da sich eine vernünftige Methodik für die Schule bei der Lehrerwelt noch nicht ausgebildet hat, und weil grade in diesem letzteren Umstande vielfach die Unfruchtbarkeit des Unterrichtes und damit auch der geringe Einfluss der Geographie auf die allgemeine Bildung, die vielfach erstaunliche Gleichgültigkeit der gebildeten Kreise dieser Wissenschaft gegenüber begründet ist.

Die Universitätsprofessoren bilden auch den natürlichen Mittelpunkt für alle allgemeineren Bestrebungen auf geographischem Gebiete innerhalb ihrer Landschaft (Provinz p. p.), sie sind die geborenen Vorsitzenden für die geographischen Vereine und unter ihrer Leitung müssen die geographisch-ethnographischen Museen sich entwickeln. Wenn mit diesen noch kartographische und Apparate-Sammlungen verbunden werden, welche nicht blos die wissenschaftliche Seite, sondern auch das Bedürfnis der verschiedensten Lehranstalten voll berücksichtigen, und wenn ferner an denselben den Studierenden Gelegenheit geboten wird, sich praktisch auszubilden, namentlich auch im Entwerfen von Croquis, von geographischen Handzeichnungen, von Karten nach den verschiedenen Projektionsmethoden, so wird dies für die zukünftigen Lehrer und nicht minder für diejenigen von höchstem Werte sein, die sich in irgend einer Weise ganz der Wissenschaft (namentlich auch durch Forschungsreisen, Übernahme einer Stellung an den früher bereits als notwendig bezeichneten Stationen u. s. f.) widmen wollen. Besondere Wichtigkeit scheint mir grade diese Vorbildung von tüchtigen jungen Männern zu sein, die als Pioniere der Kultur, als Vertreter ihres Heimatlandes in der Fremde, zu halbcivilisierten oder noch rohen Naturmenschen ausziehen wollen. Ihre letzte Vorbildung zu ihrer späteren Laufbahn, ihre Ausrüstung sollen sie freilich, wie oben ausgeführt wurde, auf dem internationalen Institute erhalten, sie werden die wissenschaftliche Forschung selbst stets als etwas internationales ansehen; dagegen werden sie als Kinder ihrer Nation, als Schüler der heimischen Schulen sich doch stets als Mitglieder ihres Volkes fühlen, und im fernen Lande dort, wo nicht die Interessen der Wissenschaft und der Kultur, sondern die des realen Lebens in Frage kommen, diesen gegenüber nie ihre Abstammung verleugnen; sie sind auch die geeignetsten Persönlichkeiten, um Handelsbeziehungen zwischen den verschiedenen Ländern anzubahnen, um den Vertretern der Industrie und des Handels in der Heimat diejenigen Mitteilungen und Fingerzeige zu geben, deren sie zu erfolgreicher Anknüpfung von Verbindungen mit dem Auslande bedürfen.

Indirekt vermögen also auch die Universitätslehrer der Entwicklung des Gemeinwohlstandes der Heimat zu nützen; noch mehr ist dies freilich der Fall bei den Professoren der technischen Hochschulen, deren Zweck ja die Verwertung der Wissenschaft für das praktische Leben, die Ausbildung von solchen Männern ist, welche auf Grund des augenblicklichen Standes der Wissenschaften die Kräfte des Vaterlandes zur Hebung des allgemeinen Wohlstandes, die Schätze des Bodens, der Tier- und Pflanzenwelt im Interesse der Nation zu verwerten im Stande sind. Während auf der Universität die wissenschaftliche Begründung der mathematischen und physikalischen Geographie und das kulturhistorisch-ethnographische Moment mehr und mehr den Mittelpunkt der Forschung und der Lehre bilden werden, so wird grade die Verwertung der gewonnenen wissenschaftlichen Resultate im Interesse einer vervollkommneten Ausbeutung des natürlichen Reichtums der Heimat, und somit die Erhöhung des materiellen und socialen Wohlbefindens ihrer Insassen das Hauptziel der geographischen Vorlesungen auf den technischen Hochschulen bilden müssen. Bei der hohen Wichtigkeit aber dieser Fragen für die Entwicklung der Industrie und des Handels dürfen daher diese Vorträge nicht fehlen; im Interesse der Volkswirtschaft ist daher dringend die Schaffung von ordentlichen Professuren der Geographie und von Sammlungen — die freilich nach dem Vorstehenden wesentlich andere Gesichtspunkte als massgebend annehmen müssen, als die oben gekenntzeichneten, — zu verlangen.

§ 10. Die Ausbildung der Lehrer für die höheren (mittleren) Lehranstalten.

Nach den früheren Ausführungen ist eines der wichtigsten Mittel, um die Geographie dem ganzen Volke näher zu bringen, die Ausbildung der Lehrer. Ein solcher muss das ganze Gebiet der Wissenschaft, in der er später die Jugend unterrichten, wofür er diese begeistern will, selbst gut erfasst haben, muss in allen Teilen ein Verständnis der wichtigen Einzelerscheinungen wie auch ihres Zusammenhanges mit den übrigen und ihres Verhältnisses zum Ganzen besitzen. Ein Lehrer für die höheren Anstalten, also für diejenigen Schulen, die ihre Zöglinge demnächst zu den selbständigen Studien auf die Hochschulen entlassen, muss sowol mit der deskriptiven als auch der theoretischen Geographie vollkommen vertraut sein; seine Ausbildung kann er daher nur erhalten auf der Universität.

Hier würde sofort sich die Frage ergeben: welche Vorbildung muss der betreffende Student mit auf die Universität bringen, damit er mit Erfolg sich der Wissenschaft widmen kann? — Berücksichtigt man, dass es einer grossen Menge von Vorkenntnissen aus der Topographie, der speciellen physikalischen Geographie bedarf, um mit Erfolg die eigentlich wissenschaftlichen Kollegien besuchen zu können, dass es ferner, abgesehen von dem Studium der historischen Geographie, absolut nötig ist, dass der betreffende geläufig die zahlreichen französischen und namentlich die englischen Werke lesen kann, so wird man dringend wünschen müssen, dass der Geographie Studierende jene Kenntnisse bereits mit zur Universität bringt, dass er also durch ein Realgymnasium vorgebildet sei; jedenfalls sind die Abiturienten der letzteren Anstaltsart nicht von dem Studium der Geographie auszuschliessen, dieses Fach muss ihnen mit in erster Linie zugänglich sein, und zwar dies um so mehr, als die Art ihrer Vorbildung, ihre grösseren positiven, naturwissenschaftlichen Kenntnisse und ihr mathematisches Wissen und Können sie zu dem genannten Fache besser vorbereitet haben, als irgend eine andere Schule.

Neben den eigentlich geographischen Studien müssen die Hülfswissenschaften volle Berücksichtigung erfahren; denn nur dann kann eine vollständige Ausbildung in der Geographie erzielt werden. Je nach der grösseren Hinneigung des Einzelnen wird sich dieser mehr dem einen oder dem andern Fache zuwenden, den sprachvergleichenden, anthropologisch-ethnographischen Forschungen, der Begründung der physikalischen Geographie, der Entwicklung des Handels und des Verkehrs u. s. f. Dringend wünschenswert ist es aber für alle — ausser etwa den nur historische Geographie Studierenden — die folgenden Gegenstände neben den eigentlich geographischen Vorlesungen zu hören: Anthropologie, Ethnographie, populäre Astronomie, Physik, Geologie und allgemeine Botanik und Zoologie.

Besonderes Augenmerk muss aber der Lehrer darauf richten, sich ein in jeder Hinsicht möglichst klares Bild von den einzelnen Ländern zu verschaffen; denn nur das eigne Wissen sichert auch das Können im Unterrichte; zu dem Behufe muss er zeichnen, das kartographische Bild eines Landes mit raschen Strichen sicher und in seinen Hauptteilen richtig entwerfen können, mit Angabe der Ströme, der Gebirgszüge u. s. f. Auf diesen Punkt ist — wie wir später sehen werden — leider bisher zum Schaden des geographischen Unterrichtes viel zu wenig Gewicht gelegt worden.

In der Schule muss der Lehrer später womöglich seine Wissenschaft als eine induktive behandeln, er muss, so weit das Wissen der Schüler dies zulässt, die Gesetze der mathematisch-astronomischen und der allgemeinen physikalischen Geographie in exakter Form, also ähnlich denjenigen der Physik in mathematischen Ausdrücken geben und dann erklären. Daher muss derjenige, dessen mathematische Kenntnisse in Folge seiner Vorbildungsart nicht genügend sind, den Mangel möglichst rasch zu beseitigen suchen; die Infinitesimalrechnung, die Lehren der höheren (analytischen) Mechanik, sowie die schwierigen Theorien der mathematischen Physik wird man von einem Geographen im allgemeinen nicht verlangen dürfen; wohl aber ist Sicherheit in den Rechnungsarten der Analysis, in der Auflösung der Gleichungen (bis 4. Grades), in der ebenen und sphärischen Trigonometrie, genaue Bekanntschaft mit der Euklidschen und neueren Geometrie (incl. der elementaren Sätze der Kegelschnitte), der Stereometrie, und Gewandtheit in der Anwendung der analytischen Geometrie der Ebene und des Raumes zu verlangen.

Über die einzelnen Zweige der Geographie haben uns die letzten Jahrzehnte so ausgezeichnete Werke gebracht, die in lichtvollster Weise den gegenwärtigen Standpunkt der Wissenschaft zeigen; alle diese Bücher verfolgen aber mehr oder minder den Zweck, die Daten unseres Wissens zu geben und dieselben eventuell zu erläutern, gehen daher nicht den Weg der Induktion, führen meist nicht in konsequenter Weise von der Erscheinung zu dem Gesetze, geben auch nur selten letztere in der concisen Form des algebraischen Ausdrucks wieder; dabei haben sie nicht den Zweck (und diesem müsste sich ein solches Lehrbuch in Form und Inhalt vollständig anpassen), einen Lehrer heranzubilden, ihm das Material in knapper Form an die Hand zu geben, das er wissen muss, ihn in seine Wissenschaft einzuführen und ihn zu selbständigem, eignen Arbeiten anzuregen und anzuleiten. Wie ich bereits oben zu bemerken mir erlaubte, befindet sich ein Buch im Druck, welches vollständig auf den eben angeführten Prinzipien beruht; dabei werden in der Mathematik keine höheren Kenntnisse vorausgesetzt, als ein guter Abiturient eines Realgymnasiums hat. Die Hauptsätze der mathematischen Geographie werden entwickelt, die Methoden der Kartenprojektionen erläutert; im zweiten Teile werden die Gesetze der allgemeinen physikalischen Geographie (Lehre von der Atmosphäre, den Oceanen, dem Festlande in seinen Formen und seinen Wandlungen), dann eine kurze Übersicht über die Pflanzen- und Tiergeographie mit besonderer Berücksichtigung der Verbreitung der Nutzpflanzen und Haustiere gegeben, worauf ein Abriss der Ethnographie folgt, soweit solche zum Verständnis der Entwicklung der Staaten u. s. f. nötig ist. Die letzten Teile umfassen die specielle physikalische und die politische Geographie; bei letzterer wird besonderes Gewicht auf die kulturelle Entwicklung der Länder gelegt. — Ausgeschlossen bleibt hierbei die Geschichte der Geographie, zu welcher überhaupt noch sehr wenig Vorarbeiten vorhanden sind; die Abfassung einer solchen liegt im Interesse der Wissenschaft, doch wird eine solche ungemein grosse Kenntnisse (namentlich auch der arabischen Litteratur) vorausetzen, so dass eines Mannes Kraft bei dem Fehlen der Vorarbeiten zur Bewältigung nicht hinreichen wird. Bei der Ausbildung der Lehrer kann daher auf die Geschichte der Geographie einstweilen noch keine Rücksicht genommen werden.

Die Erfolge seines Studiums hat der Lehrer durch sein Staatsexamen nachzuweisen; bei der Besprechung desselben habe ich natürlich, wie auch sonst, in erster Linie die preussischen Verhältnisse im Auge; die Übertragung auf andere Länder ergiebt sich leicht aus diesen Ausführungen. Die Geographie muss für das Staatsexamen genau in derselben Weise ein besonderes Fach bilden, wie dies die Geschichte, die Physik u. a. m. bereits sind. Man kann daher seine Lehrerprüfung machen, indem man Geographie als Hauptfach und mehrere andere Gegenstände als Nebenfächer, oder Geographie als ein Nebenfach zu irgend einem andern Gegenstande als Hauptfach, und endlich auch ohne jede Lehrbefähigung in Geographie nur andere Disziplinen nimmt. Um mit dem letzten Falle zunächst zu beginnen, so muss ein Kandidat, der nur in andern Fächern seine Lehrbefähigung nachweisen will, doch auch in der Geographie den sogenannten allgemeinen Anforderungen genügen, wie dies z. B. ja auch die Mathematiker in den klassischen Sprachen, Geschichte, Philosophie und im Französischen müssen u. s. f. Bei dem hohen Werte, den die Geographie sowohl für die allgemeine Bildung als auch für unser ganzes praktisches Leben gewonnen hat, ist es sicher kein unbilliges Verlangen, wenn die offiziellen Vertreter der allgemeinen Bildung, die Lehrer der höheren Anstalten, sich nicht als absolut unwissend in der Geographie zeigen. Als den allgemeinen Anforderungen entsprechend würde zu bezeichnen sein: eine im grossen richtige Anschauung über die Stellung der Erde im Planetensysteme, über ihre Gestalt, über die Verteilung von Meeren und Kontinenten, speziellere Kenntnis der physikalischen Beschaffenheit der Oberfläche Europas, besonders Deutschlands und genaue Kenntnis der Staaten Europas namentlich in ihrer gegenseitigen Lage. Für eine Lehrbefähigung in der Geograpbie für die unteren und mittleren Klassen aller höheren Anstalten muss eine genauere Übersicht über die oro- und hydrographischen und politischen Verhältnisse aller Länder der Erde, sowie über die Meere, über die allgemeinen physikalischen Verhältnisse, sowie über die Stellung der Erde als Planet zu der Sonne und den übrigen Planeten verlangt werden. Diese facultas docendi berechtigt nur dann zu einem vollgültigen Zeugnisse, wenn (neben der genügenden Erfüllung der allgemeinen Ansprüche) mindestens in Mathematik oder in Physik oder in den beschreibenden Naturwissenschaften die Lehrbefähigung für alle Klassen und in einer oder mehreren anderen Disziplinen für mittlere Klassen erteilt wird. Ist das Hauptfach eines Kandidaten Geschichte, so genügen die oben skizzierten Kenntnisse, sofern noch tüchtiges historisch-geographisches Wissen im Examen nachgewiesen wird, zur Erteilung der Lehrbefähigung für alle Klassen eines humanistischen Gymnasiums, nicht aber eines Realgymnasiums oder einer Realschule.

Zu einer unbedingten Facultas docendi für alle Klassen und für alle Arten von Anstalten würde nicht blos der Nachweis der Beherrschung der bereits genannten Teile der Geographie nötig sein, sondern auch volle Sicherheit in den Kenntnissen aus der mathematischen Geographie, sodass z. B. der Kandidat nicht blos analytisch die Bedingungen für den Eintritt und Verlauf einer Mond- oder Sonnenfinsternis zu entwickeln, sondern auch mittels der astronomischen Tafeln den event. Eintritt eines solchen Phänomens zu berechnen imstande sein muss; in der allgemeinen physikalischen Geographie muss der Lehrer in den einschlägigen Fragen bewandert sein und über die wissenschaftliche Erklärung der einzelnen Erscheinungen, sowie über den Zusammenhang der verschiedenen Phänomene volle Klarheit erlangt haben; die gewöhnlichen Methoden der Kartenprojektionen müssen ihm bekannt sein, und ebenso muss er über Pflanzen-, Tiergeographie und über Ethnographie genügende Kenntnisse an den Tag legen. Des weitern muss er aber, wie auch der

Kandidat, der nur für mittlere Klassen die Lehrbefähigung zu erlangen wünscht, imstande sein, aus dem Kopfe eine im allgemeinen richtige Skizze irgend eines Landes (namentlich der verschiedenen Teile Deutschlands) mit Bestimmung der Lage der Hauptpunkte, der Flüsse und Gebirgssysteme zu zeichnen. Als Nebenfakultäten zu einem vollen Zeugnisse würden sich dem Vorstehenden gemäss als nächstliegende ergeben diejenigen in Mathematik und Physik oder in den beschreibenden Naturwissenschaften für mittlere Klassen.

§ 11. Vorbildung der Elementarlehrer für den geographischen Unterricht.

Es ist naturgemäss, dass die Vorbildung der Volksschullehrer in Methode und Ziel eine völlig andere sein muss, als die der Lehrer an höheren Schulen; giebt doch jener den gesamten Unterricht in allen Fächern, ist also Klassenlehrer im eigentlichsten Sinne des Wortes; er muss daher in allen Fächern ausgebildet sein, die auf der Volksschule betrieben werden, aber er bedarf nicht jener wissenschaftlichen Grundlage und Tiefe, die von den Lehrern der höheren Anstalten verlangt werden muss. In der Geographie sind daher seine Kenntnisse noch weit mehr zu beschränken als in den übrigen Disziplinen, denn die für das tiefere Verständnis notwendige Bekanntschaft mit den Hülfswissenschaften fehlen ihm und werden nie in den Kreis seiner Bildung hineingezogen werden; namentlich ist er mit der Mathematik, den Naturwissenschaften (Physik) nicht derart vertraut, dass sich bei ihm ein sicheres Bild der allgemeinen Geographie zur Klarheit entwickeln könnte. Es muss sich daher die Ausbildung des zukünftigen Elementarlehrers auf die deskriptive Geographie, auf die sichere und feste Einprägung der physikalischen Verhältnisse und politischen Staatenbildungen der Erdoberfläche — diejenigen der aussereuropäischen mehr im allgemeinen, dagegen die Europas und namentlich der engeren Heimat genau, — sowie auf eine generellste Übersicht über die Gestalt der Erde und ihre Stellung im Planetensystem beschränken.

Hier tritt zum ersten Male in unserer Betrachtung der praktische Unterricht auf; bis jetzt war nur von der Erforschung der Erde, von der Ausbildung der theoretischen Geographie und von den Vorträgen (Kollegien) die Rede; der Lehrer höherer Schulanstalten soll, durch diese letzteren selbst soweit vorgebildet, dass er sich selbständig wissenschaftlich unterrichten, auch wissenschaftlich forschen kann, auf der Universität nach den deutschen Einrichtungen durch freie Thätigkeit (unter Anleitung der Professoren) sich ausbilden; ihm bleibt also stets das freie Urteil, die freie geistige Bewegung innerhalb der gewählten Wissenschaft völlig gewahrt, während der zukünftige Elementarlehrer diese freie, selbstthätige Entwicklung zu seinem Berufe nicht hat, vielmehr zu letzterem durch die strengen und engen Formen des Unterrichts herangezogen wird. Auf den Seminarien ist daher ein grosses Gewicht auf die Methodik zu legen, da sie allein dem gesamten Unterricht den Erfolg sichert; die Methodik und das positiv Gelernte pflanzt sich aber durch die Elementarlehrer in den breitesten Schichten fort und hat einen viel stärkeren Einfluss auf unser gesamtes Volksleben als ihn die höheren Schulen je besitzen.

Für die Aufnahme in ein Seminar besteht nicht die Anforderung, dass der Kandidat bereits eine höhere Schule bis zu einem bestimmten Ziele absolviert habe, vielmehr erfolgt die Aufnahme auf Grund einer Prüfung, in welcher nach dem Regulativ als Forderung in bezug auf die Geographie aufgestellt wird: „Allgemeine Bekanntschaft mit den fünf Erdteilen und Weltmeeren, nähere mit derjenigen Europas und spezielle mit der deutschen. Die Hauptbegriffe aus der mathematischen Geographie“. In der Prüfungsordnung für Volksschullehrer wird alsdann gesagt: „Die mündliche Prüfung verbreitet sich . . . . . . über die Methodik der einzelnen Lehrgegenstände“; als Lehrpensa werden für den dreijährigen Seminarkursus festgestellt: „Dritte Klasse. 2 Stunden [wöchentlich]. Das Wichtigste aus der Heimatkunde und aus der allgemeinen Geographie. Übersichtliche Kenntnis der Erdoberfläche. Die vier aussereuropäischen Erdteile. Kartenlesen. — Zweite Klasse. 2 Stunden. Europa. Deutschland. Mathematische Geographie. Anleitung zur Erteilung des geographischen Unterrichtes in Musterlektionen und Abnahme von Lehrproben. — Erste Klasse. 1 Stunde. Fortgesetzte methodische Anleitung, namentlich auch inbezug auf die unterrichtliche Verwertung von Atlanten, Wandkarten, Globen, Tellurien und andern Veranschaulichungsmitteln".

Nach diesen auf der Natur der Seminarien beruhenden Bestimmungen ist als neu zu erlernen, gegenüber den bei der Aufnahme bereits nachzuweisenden Kenntnissen, nur angeführt: „Das Wichtigste aus der allgemeinen Geographie"; denn Heimatkunde und Kartenlesen, die hier beide besonders angegeben werden, sind doch offenbar auch Teile des bereits vor Eintritt in das Seminar erlernten Pensums, da ohne sie ein geordnetes Wissen in irgend einem Umfange wohl unmöglich ist. Daher ist es die Hauptaufgabe des Seminar-Unterrichts das geographische Wissen methodisch zu vertiefen, in seinen einzelnen Teilen möglichst klar hinzustellen, den Zusammenhang, die Beziehungen der Teile untereinander und zum Ganzen zu zeigen und so in der Vorstellung des zukünftigen Lehrers ein in sich abgerundetes, klares Bild von der Erde zu sichern. Auf welchem Wege dann die Methodik für den Elementarunterricht den Seminaristen beigebracht wird, gehört nicht hierher; wie der Lehrer später den Unterricht selbst erteilen soll, wird an anderer Stelle betrachtet werden. Betrachten wir für jetzt nur, wie der Unterricht in der Anstalt erteilt werden muss, um sein Ziel zu erreichen und dem Lehrer ein klares Wissen (die erste Grundlage des Könnens) zu sichern.

Die Anforderungen, die hier an den Unterricht zu stellen sind, und die grösstenteils auch später wiederkehren werden, sind: Klarheit, Anschaulichkeit, Beschränkung auf das Notwendige und Wichtige. Die Aufeinanderfolge der einzelnen abzumachenden Pensen ist vorgeschrieben, und der Lehrgang ist da nur so einzurichten, dass die drei obigen Gesichtspunkte durchaus zur Geltung kommen, und dass gleichzeitig auch das Interesse der Schüler an dem Gegenstande geweckt wird. Bei durchschnittlich 40 Wochen Unterricht im Jahre kann man, wenn man die notwendigen grösseren Repetitionen, Prüfungen u. s. f. in Anrechnung bringt, in der dritten Klasse nur auf höchstens 76 Lehrstunden rechnen; bei dem grossen Pensum heisst es daher weises Mass halten. Für Kartenlesen werden besondere Übungen nicht nötig sein, da sich beim Unterrichte selbst die Gelegenheit ergiebt, zu erklären, wie man Länder kartographisch darstellt und wie man sich umgekehrt durch Analyse einer Karte über die Bodengestaltung eines Landes, über die Richtung und relative Höhe der Gebirgszüge, über die Entwicklung der Flusssysteme, über die gegenseitige Lage der einzelnen Teile zueinander u. s. f. ein deutliches Bild verschaffen kann. Da die mathematische Geographie ausdrücklich an den Schluss des wissenschaftlichen Unterrichts in der zweiten Klasse verlegt ist, so kann unter den Worten „das Wichtigste aus der allgemeinen Geographie“ nur das Wesentliche aus der physikalischen Geographie gemeint sein. Versuchen wir nun nach diesen Bemerkungen einen speziellen Lehrplan zu entwerfen.

Der Heimatkunde werden nur etwa 10 Unterrichtsstunden gewidmet werden können; von bekannten, im Gesichtskreise der Seminaristen liegenden geographischen Grössen ausgehend müssen zunächst die Grundbegriffe erläutert und fest definiert werden; hierbei wird der Klarheit genügt durch scharfe, konzise Fragen, auf welche ebenso genaue, die Sache fest bezeichnende Antworten zu erfolgen haben, Fragen und Antworten, die eine zweite Deutung zulassen, sind methodisch falsch, sie dürfen nicht vorkommen. Die Anschaulichkeit wird hier erzielt durch das Anlehnen im Unterricht an die nächste Umgebung, dann durch Zeichnen an der Tafel und durch gute Bilder. So müssen Quelle, Bach, Fluss,

Nebenfluss, Zufluss, Strom, Stromsystem, Ebene, Hügel, Berg, Hochfläche, Gebirgskette, die Weltgegenden, wenn möglich, an der Umgebung erklärt werden; die Begriffe aber, für welche eigne Anschauung unmöglich ist (Strand, Meer für den Binnenländer, Gebirge für den Flachländer, Ebene für den Gebirgsbewohner, Strommschnelle, Wasserfall u. s. w,) müssen gute Bilder näher zu bringen suchen. Als besonders gut und brauchbar zeichnen sich hierin die „Geographischen Charakterbilder“ von Hölzl in Wien aus, deren Gebrauch ich nach eignen Erfahrungen nur auf das Beste empfehlen kann. Es würde aber dieser erste Unterricht monoton, das Interesse ertötend wirken, wenn etwa die Begriffe der Reihe nach durchgenommen würden; vielmehr ist hier die Abstraktion möglichst fern zu lassen, und an die systematische Betrachtung der Heimat die Feststellung der Begriffe anzuknüpfen. Um ein Beispiel anzuführen: es sei ein Seminar in einer kleinen Stadt in der Eifel gelegen; der Bach, der vorüberfliesst, wird alsdann in seinem Laufe von der Quelle bis zum Einmünden in einen zweiten oder z. B. in die Mosel verfolgt; von selbst knüpft sich hier an die Betrachtung von Thal, Gebirge, Berg, Hochfläche, Ebene (aus der Umgebung); verfolgt man nun noch den Lauf der Mosel, knüpft hieran kurze Bemerkungen über die Geschichte des Landes, der Städte, über die Bedeutung des Flusses als Verkehrsader, über die Produkte des Landes, über die Beschäftigung der Einwohner, so wird der Unterricht auf die Schüler anregend, ihr Interesse erweckend wirken, und klar werden sich die hierbei vorkommenden Begriffe den Schülern einprägen. Bei Koblenz (Festung) mündet die Mosel in den Rhein; es schliesst sich also in natürlichster Weise eine Betrachtung dieses deutschen Stromes an (Quelle, Alpen, Gletscher [Via mala, Thusis, Reichenau], See, Katarakt, Stromschnelle, Insel, u. s. f.), der in seinen ausserhalb des Reiches liegenden Teilen nur kurz berührt, in seinem Laufe durch das eigene Land und auch bis an seine Mündung (Delta, Meer, Strand, Deich, Kanal) aber desto genauer besprochen wird. Bei dieser

Betrachtung erfolgt gleichzeitig die Angabe über die Darstellung eines kleineren oder grösseren Landes durch Pläne und Karten, indem der Lehrer an der Tafel selbst die Art der Darstellungsweise erläutert. Ein Plan der Umgebung, eine Karte des Kreises, des Regierungsbezirkes, der Provinz und des Reiches müssen nebeneinander im Klassenzimmer hängen und durch die Verschiedenheit in ihrem Massstabe und die hierdurch bedingte stetige Verkleinerung des bekannten Bezirkes gegenüber den unbekannten Gebieten eine Idee von der Grösse und der Bedeutung des Heimatlandes wachrufen. — Da es sich bei diesem ganzen Pensum im Grossen und Ganzen nicht um neue Begriffe handelt, sondern nur um Sicherung des Wissens und genaue Fixierung bereits bekannter Begriffe, so wird dieser Teil der Heimatkunde ebenso wenig, wie die Durchnahme der politischen Heimatkunde eine erhebliche Zeit in Anspruch nehmen, und so werden die oben als notwendig bezeichneten zehn Stunden auch ausreichen zur Erledigung der Heimatkunde und mit ihr schon einer grossen Zahl allgemein physikalischer Begriffe.

Hieran müssen sich nun noch eine Reihe weiterer Erklärungen aus der allgemeinen physikalischen Geographie anschliessen, die ihrerseits an eine kurze mathematisch-geographische Betrachtung der Erde als Kugel sich anlehnen können; es sind dies namentlich die nötigsten Begriffe aus der Metereologie, wie: Temperatur-Thermometer, Luftdruck-Barometer, Wind, Hydrometeore, Klima; dann die Verteilung der Wärme: Tropen, subtropische Länder, gemässigte und kalte Zonen —, Ebbe und Flut, Bewegungen des Wassers. Auch hier müssen Schilderungen die Begriffe näher bringen; mehr wie fünf bis sechs Stunden dürfen hierauf nicht verwendet werden. Globus und auch bildliche Darstellungen (aus den Tropen z. B.) sind hier die Hauptlehrmittel; doch beherzige man hier, wie überall den goldenen Spruch: ne quid nimis; durch Hineintragen zu vieler Nebendinge, durch zu weitläufige Schilderungen kann der Unterricht, der doch immer eben Unterricht für die Schüler bleiben soll und ihnen auch Arbeitsstoff bieten muss, leicht zu einer Farce werden.

Die hiernach noch übrigen Stunden des ersten Tertiales des Schuljahres sind zu verwenden auf die Gewinnung einer übersichtlichen Kenntnis der Erdoberfläche, also der Verteilung von Land und Wasser, wobei die Oceanographie zunächst schärfer hervorgehoben wird. Ein grosser, guter Globus, sowie eine Weltkarte in Merkators Projektion (oder auch der beiden Hemisphären) sind hierbei die beiden Hauptlehrmittel. Da die Schüler schon ein höheres Alter besitzen (mindestens 17 Jahre), an ihre Vorstellungsgabe mithin schon höhere Ansprüche gestellt werden dürfen, und da gleichzeitig der neben der Karte aufgestellte Globus mit seinen richtigen Verhältnissen den Schüler vor einer falschen Schätzung der Grösse der einzelnen Länder schützt, so würde ich in dieser Klasse stets einer Karte nach Merkators Projektion den Vorzug geben, da sie die gegenseitige Lage der Länder und Meere zueinander am einfachsten und am schärfsten hervortreten lässt, und weil es auf dieser Stufe zunächst grade auf eine recht feste Erfassung der gegenseitigen Lage der einzelnen Teile der Erdoberfläche ankommt. Bei der Besprechung der Meere in ihren verschiedenen Formen und mit ihren verschiedenen Erscheinungen (Tiefe, Meerespflanzen, Tiere, Strömungen, Temperatur, Eisverhältnisse u. s. w.) ist namentlich Rücksicht auf ihre Bedeutung für die angrenzenden Länder zu nehmen (hinsichtlich ihres Einflusses auf das Klima, ihres Reichtums an Pflanzen und Tieren, ihre Bedeutung für den gegenseitigen Verkehr der Länder).

Es folgt nun die eingehendere Betrachtung der vier aussereuropäischen Kontinente in den beiden übrigen Tertialen (ca. 50—52 Stunden). Da ihre Lage zueinander, zu den umgebenden Meeren und ihr Verhältnis zu der Erdoberfläche als Ganzem bereits bekannt ist, so ist jetzt in erster Linie die äussere Gestalt, die vertikale Gliederung und die Verteilung der wichtigsten Stromsysteme fest zu erfassen; und zwar ist, um den Erfolg hierbei zu sichern, die zeichnende Methode anzuwenden; in welcher Weise dies am besten geschieht, d. h. wie die Methode am fasslichsten und daher am nutzbringendsten für die Seminaristen gestaltet werden muss, wird später entwickelt werden; begnügen wir uns hier damit, dass der sicherste Weg zum Erfassen der Formen eines Landes jedenfalls die zeichnende Methode ist, nicht das blosse Betrachten der Karten. Der Unterricht muss also vom Lehrer stets mit der Kreide in der Hand erteilt, von den Schülern mit der Bleifeder in der Hand entgegengenommen werden.

An die physikalische Geographie, welcher durchschnittlich stark die Hälfte der auf einen Erdteil zu verwendenden Zeit gewidmet werden muss, reiht sich die Betrachtung der Staaten, ihrer Einrichtungen, ihrer Produkte, des Klimas an; vor allem aber sind die etwaigen Beziehungen zur eignen Heimat, sowie die ethnographischen und die Kulturverhältnisse hervorzuheben. So sind z. B. die deutschen Kolonieen in Brasilien und Südaustralien, die Bedeutung der deutschen Einwanderung für die nordamerikanischen Staaten, die Handelsverbindungen der fremden Länder mit der Heimat zu erwähnen. Auch dieser Teil wird stets mit der Kreide in der Hand vorgetragen, indem die Lage der Länder, der einzelnen zu nennenden Städte bestimmt werden muss; daneben müssen aber auch gute Karten der Weltteile sich an den Wänden befinden, da selbst die beste Skizze die Karte nicht entbehrlich macht, sondern ihr Studium nur erleichtert. Schilderungen aus den einzelnen erwähnten Gebieten werden den Unterricht beleben, gute geographische Lesebücher ihn unterstützen.

Da in der zweiten Klasse das wissenschaftliche Pensum in der Durchnahme von Europa und speciell von Deutschland, sodann aber in der „mathematischen Geographie“ besteht, während auch schon ein Teil der dieser Wissenschaft gewidmeten Stunden der Erlernung der Didaktik und Methodik gewidmet werden soll, so müssen die ferneren Länder verhältnismässig sehr kurz, die der Heimat am nächsten liegenden etwas ausführlicher betrachtet werden, während die Heimat selbst möglichst genau durchgenommen wird. Um eine sichere Übersicht über die physikalischen Verhältnisse Europas zu erzielen, müssen diese — nach einer ausführlicheren Wiederholung der Europa umgrenzenden Meere — zunächst behandelt werden; hieran reiht sich die topographisch-politische Betrachtung der ferneren Länder, nämlich der Staaten der Balkanhalbinsel, Russlands, Skandinaviens, Spaniens, Portugals, Italiens, Frankreichs, Englands. Ausführlicher ist alsdann die physikalische Geographie Centraleuropas durchzunehmen, und an diese reiht sich endlich die politische von Deutschland, der Schweiz, von Österreich, Belgien, Holland mit Luxemburg, und Dänemark. Über Methodik — Anwendung der zeichnenden Methode —, Berücksichtigung der klimatischen Verhältnisse, der Ethnographie, des Handels und der Industrie u. s. f. gilt dasselbe, was bereits oben bemerkt wurde; nur muss in der Heimatsgeographie noch mehr auf diese Punkte Rücksicht genommen werden, als bei den fremden Ländern, und hier können noch einmal die Beziehungen dieser letzteren zum Vaterlande erwähnt werden, Auf dieser Stufe hat der geographische Unterricht die hohe Pflicht, bei den Zöglingen nicht blos das Wissen zu vermitteln, das Interesse zu wecken, sondern auch die Liebe zur Heimat, zum heimischen Boden und zu den heimischen Sitten, zu dem Lande, wo der Mutter Sprache gesprochen wird, wo die frohe glückliche Jugendzeit verlebt ist, in der Erinnerung an die Thaten der Väter zu hegen und gross zu ziehen!

Den Schluss dieses Teiles des wissenschaftlichen Unterrichtes muss dann eine Vergleichung der statistischen Verhältnisse der Länder bilden, während bei den früheren Betrachtungen die Statistik nur in eingeschränktestem Masse vorkommen darf; denn eine solche Ausdehnung, dass aus den Zahlen der Statistik Folgerungen gezogen werden könnten, kann man ihr hier nicht geben, und die lose Aneinanderreihung von Zahlen tötet den Geist und das Interesse, ohne irgend einen Nutzen zu gewähren; hat man eine Zahl nötig, so kann man sie sofort in jedem Lehrbuche nachschlagen.

Aus der mathematischen Geographie müssen am Globus und Tellurium, bezw. Lunarium die Gestalt der Erde, die Orientierung auf derselben vermittels der Polarkoordinaten, ihre doppelte Bewegung um ihre Axe und um die Sonne, die hierdurch bedingten Erscheinungen der Tageszeiten, des Jahres (Schaltjahr) und der Jahreszeiten, der Verschiedenheit der Länge des Tages und der Jahreszeiten ordentlich erläutert und dadurch Sicherheit im Verständnis dieser Begriffe erzielt werden; ebenso muss auch das Allgemeine über unser Planetensystem, die Stellung des Mondes und die Gründe seiner Phasenbildung den Schülern bekannt werden, ein tieferes Eingehen in diese Verhältnisse findet jedoch nicht statt.

§ 12. Der geographische Unterricht in den Elementarschulen.

In der allgemeinen Verfügung über Einrichtung, Aufgabe und Ziel der preussischen Volksschule vom 15. Okt. 1872 sind in der mittleren und in der oberen Stufe je sechs wöchentliche Stunden für den Unterricht in den sogenannten Realien: Geschichte, Geographie, Naturbeschreibung und Naturlehre vorgesehen. Über die Methode wird bemerkt: „Beim Unterrichte in den Realien ist das Lesebuch zur Belebung, Ergänzung und Wiederholung des Lehrstoffes, welchen der Lehrer nach sorgfältiger Vorbereitung anschaulich und frei darzustellen hat, zu benutzen. In mehrklassigen Schulen können daneben besondere Leitfäden zur Anwendung kommen. Diktate sind nicht zu gestatten, ebenso ist das rein mechanische Einlernen von Länder- und Städtenamen, Einwohnerzahlen verboten. In der Geographie ist von der Anschauung auszugehen, welche durch den Globus und die Karte zu vermitteln ist. Überall, auch in mehrklassigen Schulen, ist unter stufenweiser Erweiterung des Stoffes von dem Leichteren zu dem Schwereren, von dem Näheren zu dem ferner Liegenden fortzuschreiten."

Über das Ziel des geographischen Unterrichts wird sodann bestimmt: „Der geographische Unterricht beginnt mit der Heimatkunde; sein weiteres Pensum bilden das deutsche Vaterland und das Hauptsächlichste von der allgemeinen Weltkunde: Gestalt und Bewegung der Erde, Entstehung der Tages- und Jahreszeiten, die Zonen, die fünf Weltmeere und die fünf Erdteile, die bedeutendsten Staaten und Städte der Erde, die grössten Gebirge und Ströme. — Das Mass des darzubietenden Stoffes wird durch die Art der Schule bedingt; es ist indes bei Aufstellung des Lehrplanes nötigenfalls vorzuziehen, den Lehrstoff zu beschränken, statt auf dessen Veranschaulichung zu verzichten und ihn in Mitteilung blosser Nomenklatur ausarten zu lassen.“

Als die beiden Hauptmomente dieser Verfügungen treten hervor: der synthetische Aufbau und die Beschränkung im Stoffe auf das Naheliegende; beide Bestimmungen entsprechen dem Bedürfnisse und der Einrichtung der Volksschule in hohem Masse. Das Kind, dessen Gesichtskreis in jeder Beziehung noch enge und eingeschränkt ist und sich erst ganz allmählich erweitern kann, muss in allem vom Nahen zum Fernen gehen, von dem Bekannten auf das noch Unbekannte schliessen lernen. Dabei kann die Elementarschule keine andern unterrichtlichen Zwecke verfolgen, als den Kindern diejenigen Kenntnisse in klarer, übersichtlicher Weise zum bewussten Können zu bringen, deren ein jeder Staatsbürger bedarf, um seinen Pflichten als Mensch und Bürger nachkommen zu können. Hierzu gehört in unserer Zeit des grossen Weltverkehrs auch ein weiterer, freierer Blick über den Wohnsitz des Menschen, die Erde, und nur Kurzsichtige und solche Parteimänner, welche die Menge des Volkes in Unwissenheit halten wollen, um sich seiner leichter zu Parteizwecken bedienen zu können, welche also ihre vermeintlichen Interessen höher schätzen als die des Volkes selbst, können den Wunsch hegen, den Blick des Volkes nicht freier zu machen, ihm das Wissen in der Geographie zu entziehen, diese Wissenschaft, wie die übrigen Realien von der Elementarschule wieder auszuschliessen.

Bei der Vielgestaltigkeit der Volksschule (einklassige, zwei- und mehrklassige Anstalten) ist es nicht möglich, einen allgemeinen Lehrplan für alle zu entwerfen; nur ein Normalplan kann weiter ausgeführt werden, dem sich die nicht so viele Klassensysteme führenden Schulen möglichst zu nähern haben, indem sie z. B. die Pensen zweier Kurse in kürzerer Weise, aber mit einem Wechsel in den Ausführungen, in einem Kursus durchnehmen. Der Unterricht darf im Anfang nicht ganze Stunden währen, er muss vielmehr bei 8—9jährigen Kindern, wenn dieselben bereits Lesestücke mit nicht langen Perioden ohne Anstoss lesen und sich über deren Inhalt Rechenschaft geben können, damit beginnen, dass zeitweise, an ein passendes Lesestück anschliessend, die Aufmerksamkeit auf solche geographische Begriffe gelenkt wird, welche in der Anschauung des Kindes liegen; als eine derartige dürfte sich zunächst die Orientierung nach den vier Haupthimmelsgegenden ergeben; die Richtung, in welcher die Sonne zur Mittagszeit steht, bestimmt Süden; scheint die Sonne voll in das Gesicht, so hat man rechts Westen, links Osten, im Rücken Norden. Die Sonne ändert über Tag ihren Stand, sie geht im Osten auf, im Westen unter; während der Schulstunden steht sie daher nie in einer der vier Weltgegenden, sondern am Morgen zwischen Osten und Süden, am Nachmittage zwischen Süden und Westen.

Die Lage des Schulhauses und der Wohngebäude zueinander und zu den Gärten, die Lage der bekannten Nachbarorte und der Umgebung geben Gelegenheit die Orientierung nach den Himmelsgegenden einzuüben. Ein Spaziergang in das Freie veranlasst die Aufmerksamkeit der Schüler neben den naturhistorischen Gegenständen auch auf Hügel, Berg und Thal, Quelle, Bach und Fluss, rechtes und linkes Ufer u. s. w. zu lenken; wo einzelne der zunächst nur durch die Anschauung dem Schüler nahe zu bringenden geographischen Begriffe — man hüte sich vor abstrakten Definitionen, die einem Kinde ewig unverständlich bleiben müssen, weil es eben noch ein Kind ist, und die ihm gar leicht die Lust am

Lernen überhaupt verderben — in der Umgegend sich nicht vorfinden, müssen gute Bilder die direkte Anschauung ersetzen; grade hierbei kann man sagen: „Das Beste ist eben gut genug für die Schule“; mittelmässige und schlechte bildliche Darstellungen verderben mehr als durch sie genützt werden könnte, sie ruinieren das richtige Anschauungsvermögen der Kinder. Bei gelegentlicher Besprechung der so gewonnenen Anschauungen zeigt der Lehrer durch Zeichnung an der Tafel die Art der Darstellung, zunächst des Hauses (der Schule) in einem Plane, dann des Ortes, des Baches (Flusses); ein guter, grossgezeichneter Plan des Ortes muss wenn irgend möglich an der Wand hängen und den Kindern die Gelegenheit bieten, sich nach und nach auf demselben zurechtzufinden, auf einem solchen zu lesen.

Erneuerte Spaziergänge in die Umgebung, auf einen Berg lassen die Umgebung des Heimatortes erkennen, vielleicht eine Stadt, eine Ebene sehen; bei der Besteigung des Berges ergeben sich die Begriffe „steil“, „sanft ansteigend“; die Wege, Eisenbahnen, Schiffe weisen auf den Verkehr, die verschiedensten Anlagen auf die Kultur des Landes auf die Beschäftigung der Bewohner hin, und so erfasst der kleine Schüler spielend, nur durch Anschauung, ohne dass er besondere Unterrichtsstunden empfängt, in Anlehnung an sein Lesebuch, also gleichzeitig mit dem deutschen Unterrichte, die ersten Begriffe aus der Geographie, und mit ihnen erhält er ein vollständiges Bild seiner engeren Heimat. Auch hier gilt das bereits oben Gesagte, dass der Lehrer bei Wiederholungen, wo mit dem Knaben das früher Gesehene besprochen wird, mit der Kreide an der Tafel erklärend stehen muss, und dass eine Karte der Umgebung (des Kreises) den Knaben in das Kartenlesen, in ein Verständnis der Darstellung des Landes durch Karten einführt. Für das erste Jahr, in welchem überhaupt Geographie gelehrt wird, dürfte dieser Stoff überreichlich genug sein; denn die Masse des gebotenen Stoffes darf das Kind nie ermüden oder überwältigen.

An die engere Heimat schliesst sich im folgenden Jahre

in natürlicher Weise die Betrachtung der weiteren Umgebung an; zwischen beiden bestehen ja überall so mannigfache direkte Beziehungen, dass, wenn auch eine direkte Anschauung auf Spaziergängen — also das Sehen als erste Thätigkeit — nicht möglich ist, doch auf frühere Besuche vieler Schüler bei so manchen Gelegenheiten und den dabei auf die vor die Augen tretenden Gegenstände verwiesen werden kann. Es tritt jetzt vielfach die zweite Hauptthätigkeit des Kindes, „das Sagen", in sein Recht; ein Schüler wird die Stadt, in die er an einem Markttage seinen Vater, seine Mutter begleitet hat, in eigenartiger Weise beschreiben; mit richtigem Takte muss der Lehrer das Wesentliche von dem Unwesentlichen hervorheben, indem er mit dem Knaben spricht, ihn zu der Schilderung anleitet; die Besprechung der weiteren Touren, welche einzelne Schüler gemacht haben, muss an die Stelle der (unter Führung des Lehrers) gemeinsamen Anschauung treten, wo letztere unmöglich ist, und wo geeignete Anschauungsmittel fehlen; es wird somit der Gesichtskreis der Kinder erweitert, ihr Geist auf die grössere Mannigfaltigkeit der Form hingelenkt, die Zahl der zum Bewusstsein kommenden geographischen Begriffe vermehrt. Es kann so in dem zweiten Jahre — vielfach noch in der Weise, dass die Besprechungen an die Lektüre angelehnt werden, bisweilen aber auch schon so, dass eine besondere halbe Stunde für die Geographie angesetzt wird — der Regierungsbezirk vollständig behandelt werden; neben dem Plane der Umgebung und der Karte des Kreises muss daher auch eine gute Karte des Regierungsbezirks in dem Klassenzimmer hängen.

Hier muss nun schon durch die zeichnende Thätigkeit des Lehrers, durch die Erklärung der Karte, unter stetem vergleichenden Hinweise auf die dem Kinde bekannte Umgebung, die Verteilung von Gebirge und Ebene, die Richtung der zu betrachtenden fliessenden Gewässer und die gegenseitige Lage aller besprochenen Punkte fest eingeprägt werden, so dass ein klares Bild in dem Geiste der Schüler entsteht, die Karte für sie gleichsam Leben erhält und nicht mehr ein toter Buchstabe bleibt. Bei dem Bestreben, den Unterricht anschaulich zu machen, lasse sich der Lehrer aber nicht dazu verleiten, den Hauptzweck, die geographischen Begriffe klar und fest einzuprägen, aus dem Auge zu verlieren und nur der Erzählung, der Schilderung seine Aufmerksamkeit zu widmen.

Wenn in vorstehender Weise das Pensum der beiden Jahre Eigentum des Schülers geworden ist, wenn derselbe also gewöhnt ist, mit den einzelnen Worten auch Vorstellungen zu verknüpfen, d. h. zu denken, so kann es nunmehr nicht schwer fallen, die geographischen Kenntnisse in den drei noch folgenden Jahren auf das ganze Vaterland (1. Jahr), auf Europa (2. Jahr), auf die gesamte Erdoberfläche (letztes Jahr) zu erweitern. Von jetzt ab tritt die Anknüpfung an die Lektüre etwas mehr zurück, darf aber selbst bis zur letzen Stufe nie ganz unterbleiben, dagegen tritt mehr und mehr in den Vordergrund der eigentliche abstrahierende Unterricht. Auf die möglichst genaue Kenntnis aller Verhältnisse des Vaterlandes ist das grösste Gewicht zu legen, denn nur das genaue Kennen, namentlich auch der Vorzüge der Heimat gegenüber der Fremde (und jedes Land, auch das von Natur am wenigsten mit Schätzen gesegnete, hat seine Vorzüge), sichert die bewusste und darum auch hingebende Liebe zu dem Vaterlande; und die Erweckung dieser treuen Anhänglichkeit an die Heimat, an heimische Sitten ist ja eine der wesentlichsten ethischen Aufgaben der ganzen Elementarschule. Schilderungen aus dem Volksleben, Bemerkungen über den Verkehr der einzelnen Landesteile untereinander und mit dem Auslande, über die Bedeutung des Handels der Hafenorte, der Industrie einzelner Gegenden müssen daher — natürlich in richtigem Masse — den geographischen Unterricht beleben, ihn den Schülern anziehend machen und letztere für diesen Zweig des menschlichen Wissens interessieren.

Bei den Ländern Europas, die wol alle genannt werden, und bei denjenigen der übrigen vier Kontinente — hier sind die unwichtigen gänzlich zu übergehen, wie z. B. in Asien Nepal, Bhaton, Chiwa, Beludschistan, Maskat u. s. f. — ist nur dasjenige zu erwähnen, was in irgend einer Hinsicht eine hervorragende und auch für das elementare Wissen in Betracht kommende Bedeutung hat; was aber gelernt wird, muss in seiner Lage genau bestimmt werden, damit der in seiner Ausdehnung eingeschränkte Stoff auch zu einem klaren Bilde werde. Es müssen sich daher ebenfalls auf diesen Stufen in den Klassenzimmern gute Schulwandkarten der betreffenden Länder und Kontinente, bei der Betrachtung der europäischen Staaten auch eine solche Europas, bei denen der übrigen Erdteile eine solche der Erde (in Merkators Projektion oder als Hemisphären) und ein Globus befinden, und der Lehrer muss während des Unterrichtes immer an der Tafel durch Zeichnungen die topographischen Verhältnisse klar machen, da nur das vor den Augen der Schüler entstehende, von allen Nebendingen freie Bild die deutliche Anschauung und dadurch die klare Erfassung sichert. Der politischen Geographie muss eine Darstellung der physikalischen Verhältnisse in ihren Grundzügen stets vorausgehen, denn auf sie muss sich jedes anschauliche Bild eines Landes stützen. Besonders hervorzuheben sind die schon erwähnten Beziehungen eines jeden Landes zur Heimat, mögen sie nun nur äusserlicher oder auch innerer Natur sein. So ist es, um einige Beispiele zu erwähnen, für alle deutschen Schulen wichtiger, die deutschen Kolonien in Süd-Brasilien zu erwähnen, das deutsche Leben dort zu schildern, als die Namen vieler grossen Städte zu erlernen; eine Schilderung des Lebens der Gauchos in den Pampas im Anschluss an die Produktion der Häute (eventuell auch des Fleischextraktes) in Argentinien wird für die Schüler jedenfalls ansprechender sein, als die Besprechung der Staatsbildung des Landes und die Aufzählung von Städten und die Angabe von Zahlen; die Produkte Chinas (Thee, Reis, Porzellan, Tusche, Rhabarber etc.) sind von höherem Interesse, als die Flüsse Sikiang, Peiho u. s. f.

Bilder über die Kulturverhältnisse werden überhaupt die Aufmerksamkeit der Schüler besonders zu fesseln im Stande sein und ihr Interesse an der Länder- und Völkerkunde erwecken.

Die Statistik muss sehr eingeschränkt bleiben; es wird stets anschaulicher sein, zu wissen, Europa ist nur um ein weniges grösser als Australien, Afrika ist über $3^1/_2$ mal so gross als Europa u. s. w., als die absoluten Zahlen im Gedächtnis zu haben, die doch ebenso rasch vergessen als gelernt werden und auch kein für den Geist des Knaben fassbares Bild zu geben vermögen. Die für die Heimat wichtigen Zahlen (Grösse, Einwohnerzahl u. s. f.) sind natürlich zu geben, um überhaupt einen Begriff der Grössen zu wecken.

Mit dieser physikalisch-topographischen Behandlung der Geographie muss nun in den letzten Jahren Hand in Hand gehen eine allmähliche Einführung in die allgemeine physikalische und mathematische Geographie. Die Beobachtungen auf den Spaziergängen, ferner gelegentliche besondere Erscheinungen in der Atmosphäre (wie das Eintreten von Gewittern, von heftigen Stürmen, das Erscheinen von Kometen u. a. m.) geben Veranlassung, eine grössere Anzahl von Teilen aus der allgemeinen physikalischen Geographie zu besprechen, namentlich den Zusammenhang zwischen Wind und Wetter, Unterschied zwischen geschichteten und vulkanischen Gesteinen, Erklärung einzelner Begriffe, wie Vulkan, Erdbeben, Grundwasser, Klima, Zusammenhang der Regenmenge mit den Quellen und Bächen, Abhängigkeit des Gedeihens der einzelnen Feldfrüchte vom Klima. Ein systematischer Unterricht in diesem Zweige der Geographie findet aber nicht statt.

Sobald in dem obersten Jahreskurse von den fünf Weltteilen und den fünf Oceanen die Rede sein soll, bedarf es auch des Begriffes von der Gestalt der Erde, d. h. ehe man von Europa zur Betrachtung der übrigen Kontinente übergehen kann, müssen die notwendigen Erläuterungen aus der mathematischen Geographie bereits gegeben worden sein. Die Gestalt der Erde — zur Anschauung gebracht durch einen genügend grossen Globus —, die Einteilung derselben durch Meridiane und Parallelkreise, die zweifache Bewegung um die eigne Axe und um die Sonne als Centralkörper, und die hierdurch bedingte Entstehung von Tag und Nacht, von Jahr und Jahreszeiten, die Stellung des Mondes zur Erde (einfache Erklärung der Phasen und der Verfinsterungen), die Stellung der Erde zur Sonne und den übrigen Planeten sind notwendige, aber auch genügende Kenntnisse in diesem Zweige der Geographie; die gewöhnlichsten Erscheinungen sind den Kindern verständlich, und nur sie geben ihnen die notwendige Aufklärung über die Verschiedenartigkeit der Zonen auf der Erde und die volle Einsicht über die Lage der Länder zu einander. Alle diese Erklärungen können erst im letzten Jahreskurse durchgenommen werden, da, zufolge des Lehrplans in der Raumlehre, hier erst die notwendigen Vorbegriffe aus diesem Fache als bekannt vorausgesetzt werden können.

Bei der auf diese Propädeutik der mathematischen Geographie folgenden physikalisch-topographischen Beschreibung der aussereuropäischen Erdteile muss stets auf Europa, mit Berücksichtigung der nunmehr gewonnenen Anschauungen, Bezug genommen, erstere müssen mit letzterem in Vergleich gebracht, namentlich aber muss immer an die entsprechenden Verhältnisse in der Heimat erinnert werden, um so in dem Gedächtnisse der Schüler das Bild der Heimat aufs neue wach zu rufen und durch den Vergleich auch die Ferne dem geistigen Auge näher zu rücken.

§ 13. Der geographische Unterricht an den Mittel- (höheren Stadt-) Schulen.

Die höheren Stadtschulen erweitern den Lehrplan der Elementarschulen, suchen also höhere Ziele in der Bildung ihrer Jugend zu erreichen, als man auch auf mehrklassigen Volksschulen machen kann, und berücksichtigen dabei je nach den lokalen Verhältnissen besonders die Bedürfnisse des Ackerbaues, des Bergbaues, des Handels oder der Gewerbe.

Die Organisation ist eine mannigfache, stimmt aber fast in allen Fällen darin überein, dass die Klassen alle einjährige Kurse haben. Beginnt daher eine solche Anstalt mit dem ersten schulpflichtigen Alter der Kinder, so würde in einer 6- bezw. 7-klassigen Schule hauptsächlich nur insofern eine Erweiterung des Pensums der Elementarschule möglich sein, als die einzelnen Klassen nur weniger Schüler aufnehmen und es daher dem Lehrer möglich wird, mehr zu individualisieren und den Unterricht zu vertiefen; eine wesentliche Vermehrung des Stoffes wird jedoch nicht möglich sein, um so weniger, als noch zwei oder doch mindestens eine fremde Sprache in den Lehrplan aufgenommen ist und neben der Sicherung der Kenntnisse in den Elementarfächern den Schülern „richtige Aussprache und Sicherheit in der Orthographie der Sprache, sowie die Befähigung, in derselben leichte prosaische Schriftsteller ohne Wörterbuch geläufig zu lesen, leichte Geschäftsbriefe selbständig aufzusetzen und sich innerhalb der Grenzen des gewöhnlichen Verkehres einigermassen zu verständigen“ erzielt werden soll. Das wesentlichste Gewicht ist daher in diesen Anstalten neben dem Unterrichte in den Elementarfächern stets auf die eine bezw. zwei fremde Sprachen zu legen, so dass ein bedeutendes Mehr in der Geographie und den übrigen Realien sicher nicht angängig sein wird.

Es dürfte unter diesen Umständen wohl das Beste und Zweckentsprechendste sein, den ganzen Lehrplan für die Geographie, wie er im vorigen Paragraphen für die Volksschule mit einjährigen Kursen aufgestellt und ausführlich beleuchtet worden ist, einfach auch für diese Stadtschulen (mit 6 Klassen) anzunehmen; bei dem durch die Ausdehnung des übrigen Unterrichtes erweiterten Gesichtskreise der Schüler wird es leicht sein, den geographischen Unterricht zu vertiefen, die Anschauungen über die Beziehungen der einzelnen Länder zu einander noch mehr zu klären und auch die Begriffe aus der allgemeinen physikalischen Geographie fester zu begründen.

Wesentlich besser stellt sich die Sache in denjenigen Stadtschulen, welche entweder durch zweijährige Kurse einzelner Klassen, oder durch Vermehrung der einzelnen Klassen den Unterricht der Jugend auf mehr Jahre ausdehnen; in ihnen kann und muss selbstverständlich das Lehrpensum erweitert werden und damit wird auch eine Aenderung im Lehrplane ermöglicht. Die Verfügung des Kgl. preussischen Unterrichts-Ministers, Excellenz von Falk, vom 15. Okt. 1872 geht daher im Lehrplane für die Unterstufe solcher Stadtschulen (etwa Schüler von 9 oder 10 Jahren) zwar auch von der Heimatkunde aus, schliesst aber sofort noch daran „das Wichtigste über die Erscheinungen des Luftkreises, über den Horizont, über Sonne, Mond und Sterne, Tages- und Jahreszeiten. Einführung in die kartographische Darstellung“. Da die „Gestalt und Bewegung der Erde“ ausdrücklick für den folgenden Kursus als Teil des Pensums angeführt ist, so kann nur die Erwähnung und Schilderung der Vorgänge in der Atmosphäre, der scheinbaren täglichen Bewegung der Gestirne, der regelmässigen Aufeinanderfolge der Tages- und der Jahreszeiten, nicht aber eine erklärende Begründung dieser Phänomene gemeint sein. Über die Art der Behandlung dieses Stoffes gilt daher genau dasselbe, was in dem vorhergehenden Paragraphen ausgeführt ist, namentlich, dass der Unterricht sich stets direkt an die Anschauung anschliessen muss. Da diese letztere sich nicht immer dann von selbst ergiebt, wenn in dem Stundenplane eine Geographiestunde vermerkt steht, und da anderseits bei diesen Anstalten besondere Stunden (wöchentlich 2) für unsere Wissenschaft vorgesehen sind, so sind von diesen, eigentlich der Heimatskunde bestimmten Unterrichtsstunden gelegentlich (nach Bedürfnis und nach den Verhältnissen) einige der Besprechung der betreffenden physikalischen und astronomischen Erscheinungen zu widmen; ein systematisches Entwickeln ist also auch hier nicht möglich. Die Einführung in die kartographische Darstellungsweise der Länder ergiebt sich leicht bei der Betrachtung des Heimatortes, seiner Umgebung, des

Regierungsbezirkes, bezw. der Provinz und des Staates, wenn der Lehrer in der bereits angegebenen Weise verfährt.

Der folgende Kursus hat als Pensum „Gestalt und Bewegung der Erde; das mathematische Netz. Übersicht der Kontinente und Oceane; Europa im allgemeinen, besonders physisch.“ Mir erscheint es aber ausserordentlich schwierig, wo nicht gar überhaupt unmöglich, bei Kindern von 9 bis 10 Jahren, welche noch gar keine klare Anschauung von Kreis und Kugel haben, die nicht wissen (auch nicht in der Anschauung unterscheiden können), was ein Winkel ist, wann Linien parallel sind, alle diese ihnen sonst fremd bleibenden Grundbegriffe zu bewusster Klarheit zu bringen; unter 100 Schülern dieses Alters werden mindestens 99 ein volles Verständnis der Polar-Koordinaten auf der Erdoberfläche nicht erlangen, vielmehr mit den Worten, die sie lernen, gar keine Vorstellung, oder höchstens die von schwarzen Linien auf dem im Unterrichte gezeigten Globus verbinden.

Ich spreche hier aus der Praxis meines Lehramtes; selbst Obertertianern wird die klare Erfassung der Einteilung der Erde nach den Polarkoordinaten noch schwer, und es bedarf der vollen Aufmerksamkeit des Lehrers, um auf dieser Klasse diese Begriffe zum klaren Bewusstsein, zur vollen Anschaulichkeit zu bringen; wie oft findet man selbst bei viel höher Gebildeten noch so wenig Klarheit, dass sie behaupten (und kaum vom Gegenteil zu überzeugen sind), dass die kürzeste Verbindung zweier, genau westöstlich gelegener Punkte der Bogen des Parallelkreises sei. Von sinnlich wahrnehmbaren Gegenständen überzugehen auf einen abstrakten Begriff ist schon schwer für das Kind; aber einen abstrakten Begriff klar zu erfassen, ohne irgend eine Anschauung, ohne irgend eine Anlehnung an sinnliche Wahrnehmungen, halte ich nach meinen Erfahrungen und nach den Gesetzen der Entwicklung der kindlichen ψυχή in dem Alter von zehn Jahren durchschnittlich für unmöglich. Ich würde aus diesen Gründen die Erläuterung des geographischen Netzes von dieser Stufe auf die höchste Klasse der Anstalt verweisen.

Über die Methodik bei der Durchnahme des noch verbleibenden, hinreichend grossen Pensums ist nach den früheren Entwicklungen nur wenig hinzuzufügen. Die sphärische Gestalt der Erde und die Art ihrer Bewegung (rotierende wie fortschreitende) müssen am Globus und am Tellurium klar gemacht und die durch dieselben bedingten Erscheinungen, Entstehung von Tag und Nacht (in ungleicher Länge), von den Jahreszeiten, von den Zonen auf der Erde erläutert werden; nur darf keine trockene Definition einfliessen, nur das darf durchgenommen werden, was der Schüler deutlich vermittels seines Auges wahrnehmen, wovon er sich durch eigne Anschauung überzeugen kann. Also die Bewegungsgesetze, elliptische Form der Erdbahn, Unterschied zwischen wahrer und mittlerer Zeit u. s. w. dürfen überhaupt nicht berührt werden.

Bei der physikalischen Geographie tritt auf dieser Stufe die zeichnende Methode in ihr volles Recht ein; kein Gebirge, kein Fluss, kein Meeresteil darf jetzt gelernt werden, von dessen Lage, Ausdehnungsrichtung, äusserer Gestalt der Schüler nicht nach der Karte ein klares Bild empfangen hat, nur dann ist das Wissen des Schülers ein geordnetes, nur dann vereinigen sich alle die verschiedenartigsten Teile in seinem Geiste zu einem plastischen Bilde, und sichern dadurch den Erfolg des geographischen Unterrichts; andernfalls bleibt das Erlernte ein Durcheinander leerer Namen, die, weil ungeordnet, rasch wieder dem Gedächtnisse entschwinden.

Der dritte Kursus hat die Hauptsachen aus der physischen und politischen Geographie aller fünf Erdteile zu seiner Aufgabe. Die Art der Behandlung bleibt hierbei genau dieselbe wie auf der vorhergehenden Stufe.

In dem letzten Kursus, in welchem die Schüler geistig am weitesten entwickelt sind, also jedem Unterrichtsgegenstande verhältnismässig das meiste Verständnis entgegenbringen, wo also ihrer Vorstellungsgabe auch am meisten zugemutet werden kann, wird zunächst die physikalisch-politische Geographie Deutschlands und Preussens ausführlicher

— und zwar genau nach derselben Methode (zeichnend) — behandelt; diese Stellung der Heimat an das Ende der Disziplin sichert eine genauere Vorstellung, ein tieferes Eingehen in die Verhältnisse der Heimat, und sie muss ja für das ganze Leben in allen ihren Beziehungen möglichst klar vor den Augen aller Staatsangehörigen stehen. Hier wird auch etwas Statistik, wenn auch in bescheidenem Masse, ihren Platz finden. — Eine übersichtliche Wiederholung des ganzen Pensums unter besonderer Hervorhebung der mathematischen Geographie und, fügen wir dem offiziellen Lehrplane noch hinzu, unter Berücksichtigung der allgemeinen physikalischen Verhältnisse, ist der Schluss in der Behandlung der Geographie. Beim Beginne dieser letzten Betrachtungen würde ich die Teilung der Erde nach dem Polarkoordinatensysteme durchnehmen, unter Anknüpfung der hiermit in engster Verbindung stehenden Begriffe und Erscheinungen (Verschiedenheit der Zeit an verschiedenen Orten, Datumswechsel, Ekliptik und ähnliches).

Indem alsdann bei der Repetition des gesamten Pensums stets auf die Lage der Orte und Länder zu einander, durch Bezeichnung der Länge und Breite, durch öftere Berechnung der Zeitunterschiede, Beachtung der Zonen u. a. m. aufmerksam gemacht, und indem hier auf die grossen Verkehrswege — zur See und zu Lande —, auf die Produkte und den Handel hingewiesen wird, erhält das Bild der Erde im Geiste des Schülers eine feste Gestalt und zugleich Leben.

Hat die höhere Stadtschule mehr Klassen, so lässt sich leicht durch Ausdehnung des Pensums der Lektionsplan ändern; für eine Anstalt mit sechs (einjährigen) Kursen in der Geographie würde sich z. B. folgende Verteilung ergeben:

Sechste Klasse: Die Heimat. Das Wichtigste aus den Erscheinungen des Luftkreises, über den Horizont, über Sonne, Mond und Sterne, Tages- und Jahreszeiten. Einführung in die kartographische Darstellung.

Fünfte Klasse. Gestalt und Bewegung der Erde.

Allgemeine Übersicht über die Oceane und die physikalischen Verhältnisse der Kontinente.

Vierte Klasse. Genauere physikalische und politische Geographie der vier aussereuropäischen Erdteile.

Dritte Klasse. Physikalische Geographie Europas, politische Geographie Ost- und Südeuropas.

Zweite Klasse. Genauere physikalische und politische Geographie Central- und Westeuropas.

Erste Klasse. Ausführliche Behandlung der Heimat. Das Wichtigste aus der allgemeinen physikalischen und mathematisch-astronomischen Geographie; übersichtliche Wiederholung des gesamten Pensums.

Bei den höheren Töchterschulen, deren Ziele vielfach mit denen der im Vorstehenden betrachteten Mittelschulen übereinstimmen, wird im allgemeinen der vorhergehende Lehrplan zu befolgen sein; die Betreibung der mathematisch-astronomischen Geographie dürfte hier aber eingeschränkt werden, und dafür eine eingehendere Schilderung ethnographischer Verhältnisse bei den einzelnen Völkern eintreten.

§ 14. Die Geographie auf den Gymnasien.

Die Stärke des Gymnasiums, der Wert der gymnasialen Bildung ruht auf der Einheit seines Unterrichtsplanes. Das Hervortreten der formalen Ausbildung des kindlichen Geistes an den Sprachen (und zwar an den sog. klassischen) ist das äussere prägnante Zeichen für diese alten Anstalten; alle übrigen Disziplinen treten dem Sprachunterrichte gegenüber zurück; das ethische Moment für die Erziehung sucht die Anstalt, neben der Lektüre in den fremden und in der Muttersprache und neben der Religionslehre, hauptsächlich in der Geschichte der Völker (nicht in derjenigen der Menschheit, in der Kulturgeschichte). Um diese Einheit des gesamten Planes zu erhalten, hat sich das Gymnasium allen Ausdehnungen des menschlichen Wissens gegenüber stets ablehnend verhalten, und es ist daher nicht zu verwundern, dass auch die Geographie, diese neue induktive Wissenschaft, hier etwas stiefmütterlich behandelt wird, trotz ihres hohen Wertes für die Entwicklung der Vorstellungsgabe bei der Jugend, und vorzüglich für eine gute allgemeine Bildung. Schon äusserlich zeigt sich, welch geringe Bedeutung man diesem Fache beilegt, durch die Vereinigung derselben im Lehrplan mit der Geschichte; und wenn auch später in den Erläuterungen zu dem Lehrplane des Gymnasiums gesagt wird, dass der geographische Unterricht von demjenigen der Geschichte nunmehr (gegenüber den früheren Verhältnissen) getrennt sein könne, so wird doch die Regel sein, dass diese beiden Lehrfächer in der Hand des Historikers bleiben, und dass somit die Geographie stets eine Verbindung mit der Geschichte und nicht mit den ihr verwandten Naturwissenschaften beibehalten wird. Diese Thatsache wird man bei der Aufstellung eines Lehrplanes und bei der Behandlungsweise stets vollauf berücksichtigen müssen.

Als Ziel des geographischen Unterrichtes ist in der ministeriellen Verfügung vom 31. März 1882 bezeichnet: „Grundlehren der mathematischen Geographie. Kenntnis der wichtigsten topischen Verhältnisse der Erdoberfläche und der gegenwärtigen politischen Einteilung; eingehendere Kenntnis von Mitteleuropa in beiden Beziehungen.“ In den dem Plane beigefügten Erläuterungen finden sich noch die folgenden Bemerkungen: „In den Klassen VI, V, IV fallen zwei wöchentliche Lehrstunden selbständig dem geographischen Unterrichte zu, welcher nicht mit dem geschichtlichen in der Hand eines Lehrers zu sein braucht. In III [III inf. und III sup.] gehört diesem Unterrichte eine Stunde wöchentlich. Von II an ist der Geschichtsunterricht stets zur Befestigung der erworbenen geographischen Kenntnisse zu benutzen, und es sind ausserdem über solche Partieen des geographischen Wissens, welche durch den geschichtlichen Unterricht nicht berührt werden, von Zeit zu Zeit Wiederholungen anzustellen. — Der geographische Unterricht führt noch mehr als der historische in die Gefahr, dass durch ein Übermass von Namen und Zahlen das Gedächtnis der Schüler überbürdet, und dadurch die Festigkeit der Erinnerung gefährdet wird. Erweiterungen des geographischen Wissens bringt fast jedes Fachstudium in seiner Weise und verbürgt jedenfalls das Interesse an den Ereignissen der Gegenwart. Aber unerlässlich ist, dass der Schulunterricht einen festen Stamm von Kenntnissen geschaffen habe, an den sich die Ergänzungen anschliessen. — Übungen der Schüler im Zeichnen geographischer Skizzen werden zu fester Einprägung des Bildes dann am besten beitragen, wenn der Lehrer durch sein Zeichnen an der Tafel Art und Mass desselben zu bestimmen vermag. — Unter den in der Lehraufgabe des geographischen Unterrichts aufgenommenen Grundlehren der mathematischen Geographie sind nur die zum Verständnis der Karten und der topischen Verhältnisse der Erde unentbehrlichen Elemente gemeint. Ein weiteres Eingehen muss dem physikalischen Unterricht auf der obersten Stufe vorbehalten bleiben, nachdem bereits in der Stereometrie die Beschäftigung mit den Eigenschaften der Kugel vorausgegangen ist". Bei den Bemerkungen zur Physik findet sich noch: „In der Prima tritt bei der Mechanik, Optik und mathematischen Geographie die mathematische Begründung der Gesetze hinzu, soweit es die Kenntnisse der Schüler gestatten".

Was bei diesen Bestimmungen sofort auffällt, ist die Nichterwähnung der allgemeinen physikalischen Geographie, deren Verständnis doch recht eigentlich zu einer allgemeinen Bildung gehören dürfte. Der eigentliche Unterricht in der Geographie hört mit Obertertia auf, indem weiterhin nur noch Repetitionen stattfinden sollen, und die mathematische Geographie wird in den Physikunterricht der Prima verwiesen. Damit ist der im ganzen fünfjährige Kursus auf die spezielle physikalische und politische Geographie beschränkt, wobei der philologisch-historischen Richtung der Anstalt entsprechend, die Beziehungen zur Geschichte bei der Topographie der einzelnen Länder besonders zu pflegen sind. Da die Schüler mit 9 Jahren in die Sexta aufgenommen werden, so sind dieselben bei ihrem Eintritte schon mit der Heimatkunde — wenn auch in nicht sehr weiter Ausdehnung — bekannt und bringen die notwendigen Kenntnisse aus der physikalischen Geographie (Berg, Fluss, Thal, Ufer u. s. f.) schon mit, sodass der Unterricht nunmehr direkt in systematischer Weise beginnen kann.

Bei der Entscheidung der Frage, ob der syntetische Weg, ausgehend von der Heimat und allmählich übergehend zum Fernliegenden, oder der analytische Weg, ausgehend von der Erde als Weltkörper, auf welchem die Oberfläche allmählich in ihren Teilen betrachtet werden soll, zu wählen ist, hat man Rücksicht auf das Ziel zu nehmen, welches erreicht werden soll, auf den gesamten Unterrichtsplan der Anstalt und auf die Zeit, innerhalb deren das Pensum zu absolvieren ist. Zunächst ist der Lehrplan als ein einheitlich ganzer aufzustellen, hat also gar keine Rücksicht darauf zu nehmen, dass zahlreiche Schüler etwa bereits früher die Anstalt verlassen, ehe sie das ganze Pensum absolviert haben; andernfalls müssten ja alle Disziplinen so unterrichtet werden, dass mit jeder Klasse ein vollständiger Abschluss erreicht werde, und dies gehört zu den Unmöglichkeiten; es kann also auch der geographische Lehrplan nur so konstruiert werden, als ob alle in Sexta eintretenden Schüler auch die ganze Anstalt absolvierten. Da nun mit jedem Jahre die Fassungskraft der Schüler zunimmt, letztere also dem Lehrstoffe ein immer grösseres Verständnis entgegenbringen und mithin die folgenden Teile viel tiefer erfassen als die vorhergehenden, da andernteils von den Gymnasiasten für die Heimat ein viel grösseres, innigeres Verständnis verlangt werden muss, als für das Ausland, — welches in dieser Tiefe aber erst in dem Alter von 13—14 Jahren erreichbar ist, — so ist hier der analytische Weg einzuschlagen. Meine Erfahrungen bestätigen dies durchaus. Die Schüler der Sexta lernen mit einer wahren Lust von den physikalischen Verhältnissen der fremden Länder, sobald nur der Lehrer es versteht durch rechtzeitige, die Knaben ansprechende Schilderungen zu packen, ihr Interesse rege zu machen.

Bei der Ausdehnung des Kursus auf 5 Jahre wird es sich empfehlen, zunächst in Sexta nur eine geographische Propädeutik, wenn dieser Ausdruck gestattet ist, zu betreiben, welche eine ganz elementare Behandlung der mathematischen und der wichtigsten Teile der allgemeinen physikalischen Geographie, sowie eine Übersicht über die Oceane, die Kontinente und die Hauptgliederung derselben in ihrer gegenseitigen Lage umfasst.

An einem möglichst grossen Globus muss die Gestalt der Erde und die Orientierung auf derselben gezeigt werden. Schwer ist hierbei z. B. für viele Schüler der Begriff der Gegenfüssler und die Anschauung, dass man zu demselben Punkte auf der Erde gelangen kann, indem man stets nach Westen oder stets nach Osten fortschreitet.

Das Verhältnis der Erde zur Sonne, die Umdrehung der Erde um sich selbst und ihre fortschreitende Bewegung um die letztere muss an einem guten Tellurium zum Verständnisse gebracht und gezeigt werden, wie Tag und Nacht, wie das Jahr mit seinen Jahreszeiten entsteht, wodurch sich jede der letzteren auszeichnet. Ein Lunarium erläutert die Stellung des Mondes zur Erde, seine Phasen und die Verfinsterungen, ein Planetarium die Stellung der Erde zu den übrigen Planeten.

Bei dieser Einführung in die mathematische Geographie darf nie versucht werden, in wissenschaftlich-abstrakter Weise den Gegenstand zu behandeln; denn der Schüler ist in diesem Alter für Abstraktionen überhaupt, namentlich aber dann, wenn dieselben nicht von klaren, fasslichen Anschauungen ausgehen, absolut unempfänglich, während er für Schilderungen und Erzählungen, für alles, was die kindliche Phantasie anzuregen vermag, sehr zugänglich ist. Es bleibt stets die erste Regel: der Schüler soll noch nichts erlernen, was er nicht unter Benutzung der Unterrichtsmittel in der Lehrstunde klar zu begreifen vermag. Zu Hause hat er nichts zu erlernen, die ganze

Thätigkeit bei diesem Teile muss auf die Lehrstunde beschränkt bleiben; aber der Lehrer, namentlich der junge, in seinem Eifer hüte sich, die Schüler während des Unterrichtes durch zu grosse Energie, zu grosse Intensität des Unterrichtens zu sehr anzustrengen; durch zu grosse Anhäufung des Stoffes, durch zu wissenschaftliche Behandlung, durch zu zahlreiche neue Begriffe wird die frische Jugendlust, welche den Erfolg des Unterrichtes grade am meisten bedingt, ertötet. Am Globus werden auch die Begriffe Axe, Pole, Äquator, Meridian, dagegen aus den bereits mehrfach erörterten Gründen noch nicht die Teilung der Erde nach den Meridianen und Parallelkreisen erläutert. Bei der Erklärung der Bewegung der Erde um die Sonne — natürlich ohne Angabe der Gesetze — ergiebt sich leicht als Ergänzung zu der Entstehung der Jahreszeiten die Einteilung der Erde in die heisse, zwei gemässigte und zwei kalte Zonen, wodurch die späteren Schilderungen Central-Afrikas, Brasiliens als heisser Länder u. s. w. begründet werden.

Hierauf wird die Verteilung von Wasser und Festland auf der Oberfläche der Erde in allgemeinen Zügen auf dem Globus gezeigt; die Einteilung in die fünf Oceane und die fünf Kontinente, die Lage derselben zu einander, ihre Gliederung (nur im allgemeinen!), namentlich die horizontale der Erdteile folgen hierauf und zwar am einfachsten in der Reihenfolge: Europa, Asien, Afrika, Amerika, Australien. Die hierbei neu auftretenden allgemeinen physikalischen Begriffe, wie Meer, Binnenmeer, Golf, Hafen, Meerenge (Strasse), Festland, Insel, Halbinsel, Küste, Strand, Düne, Kap, Vorgebirge u. s. w., von denen ja gar manche den Schülern bereits bekannt sind, müssen erklärt werden, sobald sie im Laufe des regelmässigen Unterrichtes vorkommen. Gute Bilder und gute Schilderungen werden hierbei den Lehrer wesentlich unterstützen; letzterer muss aber stets durch Zeichnungen mit der Kreide an der Tafel den Schülern zeigen, in welcher Weise der betreffende Begriff kartographisch dargestellt wird; so lernen die Knaben die Karten verstehen, auf ihnen lesen; eine möglichst grosse Karte der Erde, am besten eine solche in Merkators Projektion, muss stets vor den Augen der Schüler hängen und es ihnen ermöglichen die Lage neu genannter Teile der Meere und Länder zu einander und zu bereits bekannten Teilen zu bestimmen. Durch geeignetes Zeichnen auf der Tafel muss der Lehrer diese ersten Anschauungen und Kartenleseübungen erleichtern. Einen Atlas brauchen die Schüler auf dieser Stufe in der Klasse noch nicht, bei den häuslichen Repetitionen kann ein solcher natürlich nicht vermisst werden; aber auch bei der physikalischen Geographie müssen die häuslichen Aufgaben auf ein möglichst kleines Quantum reduziert werden, da der allgemeinen Einrichtung gemäss die Geographie ein Nebenfach ist (und auf dem Gymnasium stets bleiben wird), für welches ausgedehnte häusliche Aufgaben nicht gestattet sind. Die belebenden Schilderungen sind neben kürzeren Abschnitten aus Reisebeschreibungen (Reiseerlebnissen, welche die Natur des betreffenden Landes treu schildern) vorzüglich dem Tier- und Pflanzenleben zu entnehmen, wobei diejenigen Organismen in erster Linie zu berücksichtigen sind, die in kultureller oder einer anderen Beziehung besondere Bedeutung haben (wie der Tiger in Hinterindien, der Reisbau, die Cinchonaanpflanzungen, die grossen Rinderherden Südamerikas u. a. m.).

Nachdem die allgemeinen geographischen Begriffe festes Eigentum der Schüler geworden sind, nachdem diese das Kartenlesen erlernt haben, und ihnen auch die Lage der Kontinente und Oceane und ihrer Teile zueinander bekannt ist, haben die vier folgenden Klassen die Ausdehnung der mathematischen Geographie, dann die Topographie und die politische Geographie als Pensum. Die mathematische Geographie muss in jedem Jahre in einigen Stunden repetiert, die bereits gewonnenen Vorstellungen müssen befestigt und allmählich erweitert werden. So kommen die Erklärungen der Ekliptik, dann der Unterschied zwischen Sonnen- und Sternenzeit, zwischen wahrer und mittlerer Zeit, das Schaltjahr u. s. f. auf den entsprechenden Klassen zur Erklärung. Die Einteilung der Erde durch Zählung der Meridiane und Parallelkreise ist erst in Untertertia möglich, wo die Teilung des Kreises, anknüpfend an die Teilung des Centriwinkels, in der Mathematik gelehrt wird.

In den vier Klassen müssen die Schüler aus der speciellen physikalischen und der politischen Geographie alles dasjenige erlernen, was zur Erlangung eines klaren Bildes der Erde als Ganzes und ihrer einzelnen Teile in ihren gegenseitigen Beziehungen notwendig ist. Dem Karakter des Gymnasiums entsprechend, ist hierbei das historische Moment stets zu berücksichtigen; so wird bei der Geographie Griechenlands die Bodengestaltung einer genaueren Betrachtung unterzogen werden, wie andere Staaten und Gebiete von gleicher Bedeutung in der Jetztzeit, und die alten Namen werden neben denjenigen der Gegenwart erwähnt werden; Mesopotamien, Syrien, Kleinasien, Persien, das Pandschab, Ägypten, vor allem Italien u. s. f. werden ebenfalls in Erinnerung an die geschichtliche Bedeutung ausführlicher betrachtet werden. Bei der ganzen Behandlung aber muss immer die erste Aufgabe sein, ein klares Bild von der Lage und Gestaltung der einzelnen Länder der Anschauung der Schüler fest einzuprägen; daher müssen gute Schulwandkarten stets vor den Augen der Schüler sich befinden; da aber nur dann volle Klarheit sich ergiebt, wenn der Knabe in dem Alter, in welchem er sich in diesen Klassen befindet, das Bild sich vollständig analysiert, und da diese Auflösung am leichtesten und raschesten durch die zeichnende Methode sich ergiebt, indem der Schüler das Bild allmählich entstehen sieht und lernt, das Bild eines Landes durch seine eigne Hand entstehen zu lassen, so muss auf dieser Stufe die zeichnende Methode strikte durchgeführt werden. Nur das Hauptsächliche darf hier gegeben, alles Nebensächliche muss vermieden werden; was aber gegeben wird, muss in seiner Lage, in seinem Zusammenhange absolut genau und fest bekannt sein; als Norm muss gelten, dass kein Name einer Stadt, eines Flusses, eines Gebirges, eines Meeres dem Gedächtnisse eingeprägt wird, bei dessen Nennung nicht sofort auch seine

Situation als Teil einer Karte klar vor das Auge des Schülers tritt. Scheint diese Karte auch leer, enthält sie auch nur wenig zahlreiche Punkte, so bildet sie doch einen unveräusserlichen geistigen Besitz von hohem Werte, einen Rahmen gleichsam, in den sich bei weiteren Angaben jede geographische Grösse leicht und übersichtlich einfügen wird.

Nach diesen allgemeinen Ausführungen verbleibt nur noch die specielle Verteilung des Lehrstoffes auf die vier Klassen übrig. In Quinta würde die physikalische und politische Geographie der vier aussereuropäischen Weltteile durchzunehmen sein; da die Gliederung derselben in ihren allgemeinen Teilen bereits aus Sexta her bekannt ist, so ist dieselbe nur zu erweitern und zu vertiefen, namentlich unter Anlehnung an die Staatenbildungen. Ist z. B. in Quinta festgestellt, dass das Bild Südamerikas in seiner horizontalen und vertikalen Gliederung nebst den Hauptströmen den Schülern gut bekannt ist, so wird bei dem Lande Ecuador gesagt werden: es liegt unter dem Äquator (daher der Name), und erstreckt sich vom grossen Oceane (Bai von Guayaquil) zwischen Neu-Granada und Peru nach Osten, wo es von Brasilien begrenzt wird; es umfasst also die beiden Parallelketten der Anden von Quito mit dem von ihnen eingeschlossenen Plateau, sowie ein weites, vielfach noch gänzlich unbekanntes Gebiet der Tiefebene der linken Nebenflüsse des mittleren Amazonenstromes; letzterer berührt das Land nirgends. Hieran können dann Schilderungen aus den Gebirgen (z. B. Besteigung des Chimborazzo, die Gewinnung der Chinarinde, Klima von Quito, Reise von Guayaquil nach Quito u. v. a. m.) und Ebenen (Tierleben, die Indianer) angefügt werden, um auch von der Natur des Landes einen Begriff zu geben. — Brasilien umfasst beinahe die Hälfte des südamerikanischen Kontinentes [$8^1/_2$ Mill. □ Km, gegen $17^5/_6$] und nimmt hauptsächlich die Ostseite ein; im Norden reicht es bis zu der höchsten Kette des Parime-Gebirgssystems, im Westen bleibt es überall eine Strecke von den Anden, dann bildet der Paraguay seine Grenze, dessen Unterlauf jedoch ebenso, wie derjenige des Parana nicht in Brasilien liegt, und weiterhin der Uruguay, während es von der La Platamündung durch die Republik Uruguay getrennt ist; östlich und nordöstlich wird es vom atlantischen Oceane umspült. (Meeresteile). Daraus ergiebt sich ungezwungen die vertikale Gliederung des Reiches, sowie die Entwicklung der Stromsysteme, sodass also die physikalische Geographie des Landes vollständig zu wiederholen ist.

Für Quarta besteht das Pensum in der physikalischen Geographie Europas und in der politischen Geographie Ost-, Süd- und Westeuropas. Die physikalischen Verhältnisse des ganzen Kontinentes werden zunächst in übersichtlicher Weise, aber ebenso, wie bei den übrigen Kontinenten in möglichst kurzen Zügen dargestellt und dann bei den einzelnen Ländern noch einmal ausführlicher betrachtet; Centraleuropa wird hierbei nur in soweit berücksichtigt, als dies zur Erfassung eines richtigen Bildes des ganzen Kontinentes nötig ist; also die speciellere Gliederung der Alpen, der mitteldeutschen Gebirge, die Aufzählung der Nebenflüsse der Elbe, Oder u. s. f. werden noch weggelassen, da sie später erst ihre Stelle finden werden. Als Reihenfolge der Länder würde ich wählen (mit Rücksicht auf die Geschichte): Balkanhalbinsel, beginnend mit Griechenland, Rumänien, Russland, Italien, Frankreich, die Pyrenäenhalbinsel. Der Verkehr der Staaten mit dem Auslande und die Hauptverkehrswege müssen erwähnt werden; die auswärtigen Besitzungen der verschiedenen Reiche, die Beziehungen Europas zu den übrigen Kontinenten geben hier häufig genug Gelegenheit, auf das bereits erlernte Pensum zurückzukommen, durch Repetitionen dasselbe im Geiste aufzufrischen.

In Untertertia werden in gleicher Weise behandelt: Österreich-Ungarn, die Schweiz, Belgien, Holland, Luxemburg, Dänemark, Schweden-Norwegen und Grossbritannien, so dass als Pensum für Obertertia nur noch übrig bleibt die genaue Betrachtung des deutschen Reiches (unter eingehender Berücksichtigung der physikalischen Verhältnisse der einzelnen Staaten und Provinzen) und Wiederholungen. Letztere werden besonders fruchtbar werden, wenn hierbei stetig Vergleichungen zwischen den Verhältnissen der einzelnen Länder angestellt werden.

Die mathematische Geographie in der Oberprima muss ebenso wie die übrigen Zweige der Physik — sie ist ja dieser zugeteilt — unter Verwertung der erlangten mathematischen Kenntnisse und Anschauungen eingehender behandelt werden; als besonders zu berücksichtigende Punkte sind hierbei hervorzuheben: Abplattung der Erde, genauere Betrachtung des Gradnetzes, Verschiedenheit der Gravitation in verschiedenen Breiten, die Bewegungsgesetze der Planeten (mit elementarer Begründung), Unterschied zwischen wahrer und mittlerer Zeit, Datumänderung, Stellung der Erde zu den übrigen Planeten, des Mondes zur Erde, des Sonnensystems zur Welt.

§ 15. Der geographische Unterricht auf den Realgymnasien und Realschulen.

Alle Arten von Realanstalten legen den humanistischen Gymnasien gegenüber ein höheres Gewicht auf die Ausbildung des Geistes der Schüler durch die sog. Realien, durch die induktiven Wissenschaften; diese treten daher in dem allgemeinen Lehrplane stärker hervor, und aus diesem Grunde ist auch die Geographie wesentlich stärker betont; sie soll dem Schüler nicht blos ein gewisses Quantum von Wissen in geordneter Weise geben, sondern ihn auch in das Wesen der Wissenschaft, in die Lehre vom Zusammenhange der Erscheinungen soweit einführen, als dies bei der geistigen Entwicklung der Schüler möglich ist. Auf den Realgymnasien und Ober-Realschulen sind daher den 5 Klassen von VI bis III sup. je 2 und in den beiden Sekunden je 1 Stunde wöchentlich für den geographischen Unterricht vorgesehen, in den höheren Bürgerschulen aber in jeder der 6 Klassen 2 Stunden, so dass auf allen realistischen Anstalten die Geographie gleich stark betrieben wird. Der Lehrplan ist auch für diese Schulen einheitlich zu entwerfen, und eine besondere Rücksicht auf diejenigen Schüler, welche dieselbe etwa bereits vor völliger Absolvierung der Anstalt verlassen, nicht zu nehmen.

Bis zur Quarta (einschliesslich) muss der geographische Unterricht auf den Realanstalten genau in derselben Weise erteilt werden, wie dies im vorhergehenden Abschnitte für das Gymnasium ausführlich besprochen worden ist, nur ist bei der Besprechung der Länder ein höheres Gewicht auf die klimatischen Verhältnisse, die Produkte, die grossen Verkehrswege zu legen, wogegen das historische Moment etwas zurücktreten kann. Die beiden Kurse der Unter- und Obertertia des Gymnasiums, die ja nur einstündig sind, werden auf der Untertertia vereinigt. Nicht scharf genug kann dabei immer wieder hervorgehoben werden, dass es die erste Aufgabe des Unterrichts sein muss, ein in allen Teilen klares topographisches Bild der Länder dem Geiste der Schüler zu eigen zu machen.

An die beiden unteren Stufen schliesst sich nun als dritte die Einführung in die eigentlich wissenschaftliche Geographie an. Zunächst erhält auch hier die mathematische ihre Erweiterung, namentlich kann jetzt die Erdbahn als Ellipse, die Erdgestalt als verkürztes Rotationsellipsoid aufgefasst werden; es wird die Ungleichheit zwischen der Länge des Sommers und des Winters erklärt, die Datumänderung, die Verschiedenheit der Ortszeit u. v. a. m. ergeben sich nunmehr leicht.

Aus der physikalischen Geographie ist zunächst die Atmosphäre mit ihren verschiedenen Phänomenen, wie der Druck (Erklärung des Barometers), Veränderlichkeit desselben, Beschaffenheit und Eigenschaften der Luft, Temperatur, Wind, Hydrometeore, Wetter, Klima, elektrische Erscheinungen, zu betrachten; namentlich die durch die Gesetze der Luftströmungen begründete Verschiedenheit in der Bewohnbarkeit der Länder, Verteilung der Wüsten und Steppen, der Unterschied in den Zonen je nach dem Klima (Tropen, Subtropen u. s. f.), gewähren den Schülern einen tieferen Einblick in die Verhältnisse unserer Erdoberfläche und zeigen ihnen, wie der Mensch in seinem Leben von der Natur abhängig ist. Die Lehre von den Oceanen schliesst sich an; die Eigenschaften des Meerwassers (verschiedener Gehalt an aufgelösten Salzen, Farbe, specifisches Gewicht, Eisbildungen im Meere), die Wellenbewegungen, Ebbe und Flut und vor allem die Meeresströmungen mit ihrem hohen Einflusse auf die von ihnen bespülten Länder sind Gegenstände, welche dem Schüler leicht zu klarem Verständnis gebracht werden können, und welche auch sein Interesse lebhaft in Anspruch nehmen, wenn sie in klarer und belebter Weise vorgetragen werden. Die Verteilung der Festländer, ihre gegenseitige Lage, ein Vergleich in ihrer horizontalen und vertikalen Gliederung regen zu einer Untersuchung an, welche Gesetze bei der Bildung der Festlandsformen gültig sind; das Wasser ist das Blut, welches durch den Körper zirkuliert, die alten, morschen Teile löst und durch die grossen Adern der Ströme wieder zu dem Herzen der Erde den Oceanen, zurückführt; Quellen, Bäche, Flüsse, Katarakte, Binnenseeen, Flussmündungen, Thalbildungen müssen ausführlich betrachtet werden, aber nicht in abstrakter Weise; die früher schon gewonnenen Kenntnisse in der speciellen physikalischen Geographie geben reichlich Gelegenheit, die Erscheinungen in ihrem verschiedenen Vorkommen auf der Erdoberfläche zu erkennen; vor allem muss der Schüler auf alle Vorkommnisse der Umgebung aufmerksam gemacht werden, sein Auge gelehrt werden, sich auf alle Erscheinungen, namentlich die kleinen Änderungen in der Natur, aus denen sich ja die grossen allmählich zusammensetzen, zu richten, er muss an das Beobachten sich gewöhnen.

Auf grösseren, mehrtägigen Ausflügen, wie ich sie mit Schülern der oberen Klassen jährlich in die Mittelgebirge zu machen pflege, mache ich die Schüler grade auf alle Erscheinungen der physikalischen Geographie, auf Erosion, Veränderungen der Flussbette, Längen- und Querthäler, auf klimatische Verhältnisse u. a. m. besonders aufmerksam und finde, dass derartige Besprechungen auf einen ausserordentlich fruchtbaren Boden fallen und die Schüler zu selbständigem Beobachten und Nachdenken anregen. Nachdem noch über Erdbeben, Verbreitung und Erscheinungen des Vulkanismus gesprochen, bildet ein kurzer Blick auf den wechselseitigen Einfluss, den die scheinbar starre Erde, die Pflanzen, Tiere und der Mensch aufeinander ausüben, den Abschluss der allgemeinen physikalischen Geographie.

Dann ist der Mensch in seinem Zusammenleben mit dem Nebenmenschen, in seiner kulturellen Entwicklung Gegenstand der Betrachtung. Einer kurzen Begründung der anthropologischen Einteilung des Menschengeschlechtes in (zwölf) Rassen, unter Angabe von deren körperlichen Eigenschaften, folgen die Elemente der Ethnographie, durch welche der Schüler auf ein ganz neues Gebiet geführt und zu Reflexionen über die Stellung des Menschen, über die Entwicklung der Kultur veranlasst wird; hierbei wird vorzüglich die Objektivität des Urteils gepflegt; Hinweise auf Sprachbildung, auf die verschiedenen Religionssysteme, auf die Staatsformen, vorzüglich auf die Sitten und Gebräuche, auf Kunst und Wissenschaft, die alle mehr und mehr nicht als das Produkt des reinen Zufalls und der Willkür, sondern als Resultat der im Wesen des menschlichen Geistes und in den äusseren Einflüssen begründeten gesetzmässigen Entwicklung erscheinen, gewöhnen allmählich den Geist, von seiner Person abzusehen, überall Gesetz und Ordnung zu finden, denen der einzelne Mensch ebenso sehr wie die tote Natur, die Volksseele und die ganze Menschheit unterworfen ist. Auch wird er die heimischen Sitten und Gebräuche, die Staatseinrichtungen, mehr und mehr im Vergleich zu den fremden schätzen und lieben lernen; seine Vaterlandsliebe, diese schöne Frucht einer guten, auf wissenschaftlicher Grundlage ruhenden Erziehung, wird eine voll bewusste und um so innigere. An die allgemeine Ethnographie schliesst sich dann eine Repetition der sämtlichen Staatenbildungen vom ethnographisch-kulturellen Standpunkte aus an, indem nicht die Zufälligkeiten des örtlichen Nebeneinanders, sondern die Gemeinsamkeit der geistigen Entwicklung die Ordnung abgiebt, nach welcher die Staaten betrachtet werden; bei der Gruppe der Staaten des romanischen Kulturkreises z. B. werden Rumänien, Italien, Frankreich, Spanien, Portugal (alle mit ihren Kolonien), dann Mexiko, die centralamerikanischen und die südamerikanischen Staaten betrachtet; natürlich werden die gesamten physikalischen Verhältnisse repetiert, die Kultur der betreffenden Völker und dann die Landesprodukte, Handel und Verkehr dabei ausführlicher besprochen. Bei diesen Wiederholungen müssen die Schüler stets an der Tafel zeigen, dass ihnen das Bild der Länder noch klar im Gedächtnisse steht.

Die in Prima der Realgymnasien und Oberrealschulen ebenfalls im Physik-Unterrichte nochmals im Zusammenhang betrachtete mathematische Geographie wird im allgemeinen etwas intensiver und eingehender behandelt werden können, als am Gymnasium, da ausgedehntere Kenntnisse in der Mathematik bei den Schülern vorhanden sind; namentlich können die verschiedenen Arten der Kartenprojektionen erläutert werden.

Die sogenannten höheren Fachschulen (Handels-, Gewerbe-, Fortbildungsschulen) besitzen bis jetzt keine feste einheitliche Organisation und daher ist es auch nicht möglich, einen generellen Plan irgend einer Disziplin für eine dieser Anstalten zu entwerfen. Die meisten schliessen sich an eine der bereits besprochenen Schulen an, die von ihnen aufgenommenen Schüler bringen somit schon eine Reihe von Kenntnissen in der Geographie mit, die je nach dem Zwecke der höheren Anstalt in einer speciellen Richtung weiter ausgebildet werden. Namentlich müssen die Handelsschulen grosses Gewicht auf die Geographie legen, und neben einer erheblichen Ausdehnung der speciellen physikalischen Geographie werden auf ihnen Handel, Verkehr, Verkehrswege und -Mittel, Produkte, Industrie eine ausführliche Berücksichtigung erhalten müssen.

§ 16. Die zeichnende Methode im geographischen Unterrichte.

In den vorhergehenden Ausführungen wurde stets hervorgehoben, dass auf allen Stufen des Unterrichts dahin gestrebt werden müsse, dass sich im Geiste des Schülers ein möglichst klares Bild der einzelnen Länder, ihrer Gliederung, ihrer Stromsysteme, der Ausdehnung der Staaten und der Lage der Städte, fest einpräge. Es fragt sich nun, auf welchem Wege wird dies Ziel am sichersten und leichtesten erreicht? Bei Beantwortung dieser Frage müssen wir Rücksicht nehmen: 1) auf die Entwicklung des Geistes und namentlich des Anschauungsvermögens des Schülers je nach der Stufe, auf welcher der Unterricht stattfindet; 2) auf die technische Fertigkeit des Schülers, ein Bild nachzuzeichnen; 3) auf die Genauigkeit, mit welcher das kartographische Bild die Verhältnisse wiedergeben soll.

In letzter Beziehung, um hier mit dieser zu beginnen, wird von einem Schüler in fast allen Lehrbüchern, um einen Punkt herauszugreifen, nur die allgemeine Richtung des Laufes eines Stromes, eines Gebirgszuges u. s. f. verlangt; eine Skizze auf der Tafel aber, welche z. B. den Donaulauf von Donaueschingen bis Regensburg als eine Grade darstellt, die von Südwesten nach Nordosten läuft, würde auf jeder Stufe als eine ungenügende Leistung, als ein Beweis, dass eine richtige Anschauung noch mangele, betrachtet werden. Wie genau soll nun alles dargestellt werden? Offenbar so genau, dass alle diejenigen Teile und Grössen, welche für die physikalische Beschaffenheit eines Landes wesentlich sind, — wie Meeresbusen, Richtung der Flüsse, Ausdehnung der Gebirge u. v. a. m. — im Bilde deutlich erkennbar sind, dass dabei auch solche Entwicklung der Küsten und Flussläufe wie sie charakteristisch für das zur Darstellung gelangende Gebiet ist, hervorgehoben wird, wenn auch die Krümmungen und Abweichungen von der Grundrichtung nicht alle zu erlernen sind. So wird z. B. wohl auf keiner einzigen Anstalt, welcher Richtung sie auch angehöre die Kenntnis der Krümmungen der Mosel zwischen Trier und Koblenz, oder Zahl und Namen der Meeresbuchten und der zahlreichen Inseln an der dalmatinischen Küste, oder die der sämtlichen Busen an den Küsten Griechenlands verlangt werden, und doch würde andrerseits eine Zeichnung der Rheinprovinz ein unrichtiges Bild geben, auf welcher nicht eine Reihe der hauptsächlichsten Krümmungen der Mosel wiedergegeben wären, doch müssen bei einer Skizze Dalmatiens eine Reihe der Buchten, eine Anzahl Inseln gezeichnet werden, um ein richtiges Bild zu gewähren, und die Zahl, Lage und Form der angegebenen griechischen kleinen Halbinseln muss ein in groben Umrissen richtiges Kartenbild der reichen Gliederung jener Küste liefern.

Nun ist es für einen älteren Schüler, dessen Auge schon durch den naturhistorischen Unterricht geschärft ist, nicht schwer, von einer grossen, deutlichen Karte die richtigen Formen abzulesen; und hat er bereits längere Zeit einen tüchtigen Zeichenunterricht gehabt, so wird es ihm verhältnismässig leicht fallen, ein nicht zu kompliziertes Bild, welches die topischen Verhältnisse annähernd genau wiedergiebt, nach einigen Übungen auch in einer leidlich richtigen Weise aus dem Gedächtnis zu zeichnen; und diese selbständige Zeichnung ohne eine Vorlage, d. h. ohne Karte vor Augen, zeigt erst, dass in Wirklichkeit ein klares Bild des Landes vor den Augen des Schülers steht. Ganz wesentlich anders verhält es sich mit den Schülern der unteren Klassen der höheren Lehranstalten und den entsprechenden Klassen der übrigen Schulen; wenn für sie der Unterricht in der Geographie beginnt, wenn sie zuerst der Entwicklung einer Zeichnung folgen und solche dann wiederholen sollen, dann kennen sie überhaupt noch gar keine Formen und selbst grade Linien zu zeichnen ist für sie ein schweres Problem; das Augenmass fehlt noch gänzlich und die Hand vermag noch nicht dem Geiste völlig zu folgen und dasjenige schon graphisch so darzustellen, was und wie es im Geiste dem Kinde vorschwebt. Man versuche doch nur einmal einen Sextaner das einfache Blatt irgend einer Pflanze, das er eben in der Hand hatte, und dessen Form vom Lehrer grade vorher analysiert worden ist, an der Tafel zeichnen zu lassen, und man wird staunen, welch' ungeheuerliche Formen zum Vorschein kommen!

Ich sehe ganz ab von Formen, die schon eine genauere Beobachtungsgabe erfordern, selbst die einfachsten sind für Kinder noch schwer zu erfassen; ihnen ist es nur möglich, eine möglichst wenig von einer einfachen gradlinigen Figur abweichende Gestalt im Kopfe aufzunehmen; daher muss sich auf den untersten Stufen das Bild eines Landes möglichst an eine gradlinige Figur anlehnen und erst allmählich wird es möglich, das Bild vielgestaltiger, komplizierter zu machen. — Aus den früher bereits entwickelten Gründen bin ich im Interesse der regelmässigen und langsamen Entwicklung der geistigen Vorstellungen des Kindes — das klare Erfassen eines Körpers ist schon schwer, eine Zerlegung desselben in Gedanken durch Abstraktion erscheint mir im allgemeinen geradezu unmöglich — ganz entschieden gegen die Einführung der Polarkoordinaten auf den unteren Stufen; diese prinzipielle Stellung wird noch dadurch unterstützt, dass eine Einigung in der Zählung der Meridiane noch nicht erzielt ist, dass nicht blos die verschiedenen Atlanten verschiedene Zählungsweisen zugrunde legen, sondern sogar bei den einzelnen Karten in dem nämlichen Schulatlas bald nach Ferro, bald nach Greenwich gezählt wird. So ist im physikalisch-statistischen Atlas von Andree-Peschel stets der Meridian von Ferro zugrunde gelegt; dasselbe ist der Fall bei dem physikalischen Schulatlas des Verfassers. Andree-Putzgers Gymnasial- und Realschulatlas hat bei dem grössten Teile der Karten die Meridiane nach Greenwich gezählt, daneben enthält er aber auch andere Karten, denen der Meridian von Ferro zugrunde liegt; so zählt S. 16 die physikalische Karte Nordamerikas nach Greenwich (und zwar westlich), die daneben auf S. 17 befindliche politische Karte der Vereinigten Staaten dagegen nach Ferro (aber östlich!), auf den Karten von Europa (physikalisch und politisch) ist erstere, auf denjenigen der einzelnen Länder wiederum letztere Zählweise angewandt. Wenn man daher die Bestimmung der gegenseitigen Lage vermittels der Polarkoordinaten auch auf den unteren Klassen einführen wollte, so würde dies bei unseren jetzigen Hülfsmitteln, namentlich den Atlanten, völlig unmöglich sein, die Schüler würden nur in die schlimmste Verwirrung geraten; und grade dies muss auf jede nur mögliche Weise zu vermeiden gesucht werden. Hätte man aber auch Atlanten mit einem bestimmt durchgeführten Prinzipe der Zählart, so würden sich deren zwangsweiser Einführung an allen Anstalten noch manche Schwierigkeiten andrer Art entgegenstellen, da an vielen Orten grade die ärmeren Schüler, denen die Neubeschaffung eines Atlas sehr schwer fallen würde, während im Hause noch alte andre Atlanten vorhanden sind, einen sehr wesentlichen Teil der Gesamtzahl der Schüler ausmachen. Zu allen diesen gewiss triftigen Gründen gegen eine Bestimmung der zum Entwurf einer Kartenskizze notwendigen festen Punkte durch ihre Angabe nach geographischer Länge und Breite tritt noch der Umstand hinzu, dass diese Zahlen zu einer ganz bedeutenden Belastung, zu einer wirklichen Überbürdung des jugendlichen Geistes führen würden. Denn es steht ausser Zweifel, dass grade durch das Memorieren von Zahlen am leichtesten eine solche veranlasst wird. Bei einem 2- bezw. 3-stündigen wöchentlichen Geschichts-Unterricht wird von den Pädagogen das Quantum der innerhalb 7 Jahre zu erlernenden Zahlen auf 450—500 geschätzt; daher ist das Maximum der in einem vierjährigen Kursus von den kleineren Knaben zu erlernenden Zahlen auf allerhöchstens 250—300 zu veranschlagen; beschränkt man nun auch die Statistik auf ein kleinstmögliches Minimum, so werden doch mindestens 200 Zahlen auf sie entfallen, sodass höchstens noch 100 erlernt werden können; da aber zur Fixierung eines Ortes auf der Erde durch Länge und Breite je zwei von einander absolut unabhängige Zahlen notwendig sind, so könnte sich also mittels derselben ein Schüler auf der Schule nie mehr als 50 Punkte ihrer Lage nach genau merken; ist es aber möglich, aus nur 50 verschiedenen Punkten sich ein klares Bild von der Erde, bezw. von ihren verschiedenen Ländern herzustellen?

Aus allen diesen äusseren und inneren Gründen glaubt der Verfasser bei der Festsetzung der Lage derjenigen Punkte, durch welche das Bild eines Landes in einfacher Weise zur Anschauung gebracht werden soll, auf einem andern Wege vorgehen zu sollen, als vermittels deren Längen- und Breitenangabe. Ohne letztere zu erwähnen, suche ich auf dem kartographischen Bilde eines Landes, wie es die meist gebräuchlichen Atlanten enthalten, eine vertikale Linie, auf welcher sich bemerkenswerte Punkte befinden und von welcher aus nun andere, für die Bestimmung der allgemeinen Gestalt des Landes wichtige Punkte durch ihren Horizontalabstand in ihrer Lage fixiert werden. Die Verbindung der entsprechenden Punkte giebt alsdann das Skelett, die Schablone, in welche nun durch Eintragung der Küste, der Flüsse, der Gebirge in ihrer Hauptrichtung das Bild des Landes eingezeichnet wird.

Als Vorzüge dieser Methode betrachte ich es zunächst, dass der Schüler jetzt auch meist in der gleichen Weise den Zeichenunterricht erhält, — auch hier wird auf den unteren Stufen die Erfassung und Nachbildung einer Figur in Anlehnung an ein ebenes Koordinatensystem gelehrt, — dann, dass der Schüler zur Bestimmung der wichtigen Punkte nur horizontale und vertikale Grade zu zeichnen hat, und dass meist auch das Verhältnis der Längen- und Querausdehnung eines Landes in genauerer und direkterer Weise zum Bewusstsein des Schülers kommt; so würden z. B. die Angaben Cap Tscheljuskin 78^{0} n. Br., Cap Romania 1^{0} n. Br., (beide unter 104^{0} ö. L. Gr.), Karisches Meer, Westpunkt der Nordküste Asiens, 65^{0} ö. L., Ostkap 180^{0} ö. L. leicht dazu verleiten, die westöstliche Ausdehnung Asiens der Nordküste entlang für viel bedeutender zu halten, als die nordsüdliche, während doch das umgekehrte Verhältnis besteht.

Ich verkenne durchaus nicht, dass bei einzelnen Karten

die konstruktive Methode sich schlecht verwerten lässt, so namentlich bei Asien, Europa, Skandinavien; aber auch andere Methoden haben bei diesen Kartenskizzen ihre grossen Schwierigkeiten, und bei weiterer Ausbildung der konstruktiven Methode, die ja noch in ihren Windeln liegt, wenn dieser Ausdruck erlaubt ist, werden wol noch manche Schwierigkeiten gehoben werden können.

Ein Einwurf, den man bei den vorhergehenden Ausführungen wohl noch gegen die hier empfohlene Methode erheben könnte, ist der, dass bei derselben den Schülern das Erlernen vieler Zahlen nicht erspart bleibe; hiergegen ist zunächst zu erwidern, dass keine absoluten Zahlen, sondern leichter zu behaltende Verhältniszahlen das Hauptkontingent aller hierbei in betracht kommenden Grössen bilden, und dass gemäss den weiteren Ausführungen überhaupt nie die Memorierung einer Zahl behufs Verwendung bei den Kartenskizzen verlangt wird.

Auch jede andere Methode wird nie auf die einfachen Formenverhältnisse verzichten wollen, die sich in der Natur von selbst darbieten; so bildet der Hauptrumpf Südamerikas auf den Karten ein rechtwinkliges Dreieck, dessen Hypotenuse vertikal liegt, und dessen Katheten sich wie **2 : 3** verhalten; Belgien bildet ebenfalls ein rechtwinkliges Dreieck, dessen Hypotenuse gen Südwesten liegt, und dessen westöstliche Kathete um $^1/_6$—$^1/_7$ grösser ist als die nordsüdliche; der Oberlauf der Donau liegt auf der Linie Basel-Regensburg, welche die Hypotenuse eines rechtwinkligen Dreiecks bildet, dessen nordsüdliche Kathete halb so gross ist als die westöstliche; auf der letztgenannten liegt wenig westlich vom Halbierungspunkte Bregenz, der östlichste Punkt des Bodensees. Durch die Linie Martigny-Kufstein, welche der obengenannten Linie Basel-Regensburg fast genau parallel ist, wird der Oberlauf der Rhone (Martigny—Galenstock), des Rheines (Six Madun—Chur) und der Lauf des Inn von Landeck bis Kufstein bestimmt. Solche einfachen Verhältnisse lassen sich fast auf jeder Karte finden, und sie müssen verwertet werden, um den Schülern ein möglichst klares Bild von den topographischen Verhältnissen eines Landes in einer Skizze darzubieten, wenigstens auf den unteren Klassen, auf denen jene für zusammengesetzte Figuren noch gar kein Verständnis haben. Auf den höheren Klassen, namentlich der Fachschulen, bei geistig schon entwickelten Schülern, kann jede Methode mit Erfolg angewendet werden; sie wird zu guten Resultaten führen, wenn der Lehrer völlig Herr des Stoffes ist und auf dem Wege, auf welchem er den Schülern das Kartenbild klar machen will, dieses sich selbst zur vollen Klarheit gebracht hat.

Es bleibt nun zu erörtern übrig, in welcher Weise das Zeichnen ausgeführt werden soll. Die Tafel und die Kreide sind freilich sehr wenig geeignet, um Skizzen zu entwerfen, die auch bis ins Detail hinein ein genaues Kartenbild geben; aber ein anderes Material ist nicht vorhanden; hierbei muss nur alles in so kräftigen Strichen dargestellt werden, dass jeder Schüler ohne Ueberanstrengung seiner Augen von seinem Platze aus das Bild genau sehen kann; und da kleinere Meeresbusen, kleinere Flusskrümmungen u. s. f. in einiger Entfernung nicht wahrgenommen werden können, so sind solche überhaupt nicht zur Darstellung zu bringen. Auf jeder Stufe nun zeichnet der Lehrer unter stetiger Erklärung dessen, was er thut, was zur Darstellung gelangt, — damit das Bild zu einem bewussten werde, — das Land, den Landesteil, den darzustellenden geographischen Gegenstand an der Tafel vor, nachdem er zuerst die Bestimmung der Lage derjenigen Punkte ausführlich eingeübt hat, durch deren Verbindung die allgemeine Gestalt des betreffenden Landes gegeben wird. Die Schüler zeichnen in ihr Diarium (Kladde) das Bild mit. Zunächst werden nur die Küsten oder (wo Binnenländer dargestellt werden) die Hauptteile gezeichnet, und darauf wird die Entwerfung der Skizze eingeübt, indem der Lehrer wiederholt dasselbe Bild vorzeichnet und dann dasselbe — unter Korrektur etwaiger Fehler — von besseren und schliesslich auch von den minder begabten Schülern ebenfalls an der Tafel zeichnen lässt; auch die Schüler haben hierbei mit Worten zu erklären, wie die Skizze entsteht, was sie bedeutet, sodass der Lehrer erkennt, ob bei den Schülern auch ein Verständnis erzielt ist. Nach meiner Erfahrung genügt es, selbst auf den unteren Stufen in der ersten Stunde ein einfaches Bild (wie Südamerika) zweimal, ein schwierigeres (wie Afrika) dreimal und in der darauffolgenden Stunde noch einmal vorzuzeichnen, um bei allen Schülern ein so klares Bild zu erzeugen, dass dieselben es auch in einer im allgemeinen richtigen Weise wiederzugeben vermögen. Besonders hebe ich hierbei hervor, dass die gesamte zeichnende Thätigkeit der Schüler auf die Unterrichtsstunde zu konzentrieren ist; als häusliche Aufgabe ist die Einübung von Kartenskizzen nie zu stellen aus dem doppelten Grunde, weil erstens die Gefahr sehr nahe liegt, dass der Schüler sich eine unrichtige Skizze einübt in Folge falschen Verständnisses, und weil zweitens durch solche Aufgaben eine wirkliche häusliche Überbürdung herbeigeführt würde. Die zweite Rheinische Direktoren-Konferenz fasste daher mit Einstimmigkeit den Beschluss: „Das Zeichnen geographischer Karten ist als (obligatorische) Hausaufgabe zu verbieten.“

Nachdem auf die angegebene Weise der Entwurf der Kartenskizze in ihren Umrissen eingeübt ist, wobei die Grenzen der Länder, die Meeresteile, Vorgebirge durch die steten Wiederholungen ebenfalls mit ihren Namen und nach ihrer Lage genau bekannt geworden sind, trägt der Lehrer, unter Hervorhebung des zu memorierenden Stoffes und unter belebenden Schilderungen, in die Skizze nunmehr die Flüsse, Gebirge, Städte u. s. f. ein, von deren Lage der Schüler ein festes Bild erhalten soll. Beim Beginne einer jeden Stunde muss daher das Land in seinen Umrissen wieder gezeichnet werden, und die Schüler tragen bei den mündlichen Wiederholungen gleichzeitig in dies Bild die Flüsse u. s. w. ein; andere Repetitionen finden an den Wandkarten statt, welche durch die Einführung der zeichnenden Methode durchaus nicht überflüssig geworden sind, sondern welche der Schüler durch die Analyse genauer kennen gelernt hat, und an denen er durch sein rasches Zurechtfinden zuerst zeigen muss, dass er im Kopfe ein klares Bild von den Ländern erfasst hat. Nach mehrmaligen Wiederholungen, meist bereits in der dritten bis vierten Stunde seit Beschäftigung mit einem Lande, vermögen bessere Schüler bereits dessen Umrisse in ziemlich richtiger Weise frei, ohne Konstruktion der festen Punkte, zu zeichnen. Und mehr kann man billiger Weise von den Schülern der unteren Stufen sicher nicht erwarten.

Welche Länder sind nun auf diese Weise zu behandeln, die ganzen Kontinente, oder nur Teile? Dass man von den europäischen Ländern jedes für sich darstellt, beziehungsweise hier nur physikalisch zusammengehörige auch zusammen behandelt, von der Heimat dagegen jede Provinz besonders zur Darstellung bringt, ist klar; leicht fassbare Bilder ganzer Kontinente, bei denen das zu erlernende Pensum nur gering ist, werden ebenfalls ganz gezeichnet; so Australien, Südamerika, Afrika, Centralamerika und wohl auch Nordamerika; dagegen wird es nie möglich sein, mit dem ungefügen Materiale der Kreide auf der verhältnissmässig kleinen Fläche der Tafel ein deutliches, in allen seinen Teilen klares Bild Europas oder Asiens darzustellen; mir ist es bei allen Versuchen nie gelungen, die Formen Jütlands, Nordhollands, die Halbinsel der Normandie, Istrien, geschweige denn die Nehrungen in der Ostsee mittels Kreide auf der Tafel an einem Gesamtbilde Europas zur klaren Darstellung zu bringen.

Eine Zeichnung der Weltkarte, Europas oder Asiens an der Tafel versuche man daher nie im Unterricht, zerlege diese Kontinente vielmehr in Teile (wie Nord-, Nordostasien, Ostasien vom Ochotskischen Meere bis zum Busen von Tonking, Südasien u. s. f.), die sich leichter behandeln, klar zur Anschauung bringen lassen, und aus denen vermittels der Wandkarte ein Gesamtbild sich doch im Kopfe des Schülers erzeugen lässt.

§ 17. Schul-Wandkarten und Schulatlanten. Hülfsmittel für den geographischen Anschauungsunterricht.

Die feste Erlernung der einzelnen Namen in der Geographie muss durch häusliche Repetitionen gesichert werden, und letztere haben stets an dem Atlas zu erfolgen; daher ist dieser ebenso wenig, wie nach den früheren Ausführungen die Schulwandkarte entbehrlich. Suchen wir nun die Prinzipien festzustellen, welche bei der Anfertigung des einen, wie der andern massgebend sein müssen, damit sie ihren Zweck erfüllen. Jede Karte, welche dem Schüler als Hülfsmittel in die Hand gegeben wird, soll ihm das Lernen erleichtern; daher müssen, um seine Vorstellung nicht zu verwirren, die Karten des Atlas mit denjenigen, die vor den Augen der Schüler an der Wand hängen, möglichst genau übereinstimmen; sie müssen ein richtiges, klares und deutliches Bild der darzustellenden Materie geben; sie müssen ferner auch in ihrer Darstellungsweise, namentlich in der Farbenzusammenstellung den ästhetischen Sinn der Schüler zu wecken bez. zu fördern imstande sein, und endlich müssen sie zweckmässig eingerichtet sein.

Völlig unmöglich ist es, alle Karten einer Kategorie in demselben Massstabe herzustellen; in vielen Fällen ist dies auch völlig unnötig, in manchen aber könnte dahin gehenden billigen Wünschen mehr entsprochen werden.

Durch die kartographische Darstellung der einzelnen Länder Europas soll das Bild derselben deutlicher werden, als es auf der Karte des ganzen Kontinentes sein kann, und niemand wird das thörichte Verlangen stellen, dass die Teile in demselben Massstabe wie das Ganze dargestellt werden; der stete, in die Augen springende Vergleich zwischen Europa und seinen Gliedern — denn in dem Schulraume, in welchem z. B. die Karte der Pyrenäenhalbinsel sich befindet, muss auch diejenige Europas hängen, — wird vor Ueberschätzung der Teile bewahren; aber (für den Unterricht) gleichwertige Länder, wie z. B. die drei südlichen Halbinseln Europas, Frankreich u. s. f., sollten auch im gleichen Massstabe zur

Darstellung auf den Wandkarten sowohl als auch in den Atlanten gelangen; es soll also der Zweck der Karten mehr als die Bequemlichkeit in der Einteilung der Blätter bei Bestimmung des Massstabes berücksichtigt werden. In dem bereits erwähnten, sonst so vortrefflichen Schulatlas von Andree-Putzger sind z. B. folgende Massstäbe in Anwendung gekommen: Skandinavien (mit seinen Fjordbildungen!) $\frac{1}{10\cdot600000}$, Island $\frac{1}{9\cdot300000}$, Dänemark $\frac{1}{3\cdot100000}$, Pyrenäenhalbinsel $\frac{1}{5\cdot300000}$, Frankreich $\frac{1}{6\cdot150000}$, Italien $\frac{1}{5\cdot700000}$, England $\frac{1}{6\cdot000000}$ u. s. f. Hierin Änderung und, wo erforderlich, Gleichmässigkeit zu schaffen, liegt im Bereiche der Möglichkeit.

Ebenso liesse sich auch noch einem zweiten, auf didaktischen Gründen beruhenden Wunsche entsprechen; auf den Karten der vier aussereuropäischen Kontinente, deren Darstellung in demselben Massstabe nicht angänglich ist, könnte, um den Schülern stets das Grössenverhältniss derselben zu Europa klar vor Augen zu führen, in einer Ecke (auf einer Nebenkarte) Europa, nur im Umrisse, im selben Massstabe wie die Hauptkarte dargestellt werden.

Wünschenswert erscheint es mir nun noch, dass auch dieselbe Projektionsmethode möglichst auf allen (für die Schule bestimmten) Karten durchgeführt werde, und als solche erscheint uns nur die sog. platte Projektion schon deshalb anwendbar, weil auf den nach dieser Methode entworfenen Karten die gegenseitige Lage der Orte scharf und klar, wie bei keiner einzigen andern Darstellungsart, den Schülern in die Augen fällt. Die nördlichen und südlichen Teile der Länder erscheinen allerdings in ihrer Gestalt verzerrt, die Grössenverhältnisse werden nicht richtig wiedergegeben, aber dies alles findet auf allen kartographischen Darstellungen statt; nur Asien macht Schwierigkeiten, bei den übrigen Kontinenten ist die Verzerrung nicht so bedeutend, um ihretwillen den für die Jugend nicht hoch genug anzuschlagenden Vorteil, die Leichtigkeit der Orientierung und der Einheit der Darstellungsweise, zu opfern. Die Länder Europas sehen — ausser Russland — nicht verzerrt aus.

Weiterhin ist schon früher auf den Missstand aufmerksam gemacht worden, dass in den verschiedenen Atlanten, ja bei den meisten sogar auf den einzelnen Karten desselben Atlas verschiedene Nullmeridiane angenommen wurden. Dass dies eine möglichst rasch zu beseitigende „Eigentümlichkeit" der deutschen Schulatlanten und Wandkarten sei, und dass auch wir, wie die anderen Völker, eine einheitliche Zählweise durchführen müssen, wird wol niemand, am allerwenigsten aber ein Geographielehrer, der die üblen Folgen dieser Vielheit bereits praktisch kennen gelernt hat, in Zweifel ziehen; es fragt sich nur, welcher Meridian verdient den Vorzug? Aus wissenschaftlichen Gründen wünschen namentlich die Geodäten — und ihnen gebührt in dieser Angelegenheit wohl das erste und das entscheidende Wort — denjenigen von Greenwich als den Nullmeridian. Für die Schule, für die kartographischen Darstellungen für Unterrichtszwecke ist dieser aber absolut unbrauchbar; soll jemand, namentlich der Schüler von 12 Jahren die Meridiane von Null an zählen, so muss die Nulllinie auch in der Zeichnung für das Auge Nulllinie, Ausgangslinie sein; bei Darstellung der Hemisphären muss also der begrenzende Kreis der Meridian 0—180 sein; und wer sich einmal eine Hemisphäre mit der Mittagslinie von Greenwich als begrenzendem Kreis gezeichnet hat, der wird mit mir übereinstimmen, dass diese kartographischen Zerrbilder kein geeignetes Lehrmittel für die Schulen abgeben können. Ich schlage daher vor, dass, wenn dies auch für rein wissenschaftliche Zwecke aus irgend welchen Gründen nicht möglich sein sollte, dann wenigstens für alle Schulkarten und Schulatlanten derjenige Meridian als Nullmeridian angenommen werde, der 20^0 westlich von Greenwich liegt; von ihm würde dann bis zu 180^0 westlich und östlich zu zählen sein.

Das Kartenbild muss, um auf ein weiteres Erfordernis

zu kommen, deutlich und klar (selbstverständlich auch richtig) sein, d. h. alle Schüler müssen von ihrem Platze aus die Hauptgegenstände der an der Wand eines normalen, hellen Schulzimmers hängenden Karte ohne Anstrengung ihrer Augen unterscheiden können; daher müssen die Darstellungen scharf, die Linien kräftig, die Farben nicht matt, sondern satt aufgetragen und in ihren Nüancen leicht von einander zu unterscheiden sein. Damit das Kartenbild aber für den Schüler leicht erfasslich sei, muss das Material, welches auf der Karte dargestellt wird, mit Sorgfalt ausgewählt sein; ne quid nimis ist hier die Richtschnur; nur dasjenige, was der Schüler erlernen, in seiner Lage und Ausdehnung erfassen soll, oder was zu der Charakteristik des Landes gehört, und durch dessen Wiedergabe der Schüler einen anschaulichen Blick in die Verhältnisse des Gebietes erhält, darf Aufnahme finden; so sind Flüsse, Gebirge, Städte, die ein Schüler kennen muss, sämtlich auf den betreffenden Karten darzustellen (natürlich nicht alle auf allen Karten), ausserdem aber auch solche Grössen, die charakteristisch sind, wie z. B. in Asien die verschiedenen Gebirgsketten Hinterindiens, eine Reihe der Städte des chinesischen Tieflandes (um die dichte Bevölkerung dieses Landes anzudeuten), mehrere Seeen in dem Steppengebiete u. s. f. Küsten, Flussläufe, Gebirgssysteme (am besten durch Höhenschichten darzustellen) sind so genau zu zeichnen, als dies der gewählte Massstab zulässt.

Oceane, Meeresteile, Kontinente, Flüsse, Gebirge, Städte sind zu benennen und zwar ist die (lateinische) Schrift so gross und deutlich auszuführen, dass ein Schüler, dessen Auge in der normalen Entfernung von der Karte sich befindet, dieselbe leicht lesen kann; kleine Perlschrift auf den Karten ist gradezu zu verbieten. Bei der Auswahl der Farben ist, wie bereits bemerkt, auch auf die Zusammenstellung vom ästhetischen Standpunkte aus zu achten; wenn irgend möglich, sind Komplementärfarben nebeneinander zu stellen.

Alle diese Bemerkungen gelten sowohl für Schulwandkarten als auch für Schulatlanten; letztere dürfen namentlich nie zu Nachschlagekompendien werden, sondern dürfen nur den Zweck, ein gutes Unterrichtsmittel zu sein, verfolgen; in Darstellung und Ausstattung müssen sie diesem hohen Zweck durchaus entsprechen. Für eine Elementarschule muss der Atlas enthalten (leider ist ja ein Plan des Schulhauses mit Umgebung, bezw. des Schulortes und eine Kreiskarte nur selten dem Atlas beizufügen möglich) die Karten von: Regierungsbezirk, Provinz, Königreich Preussen, Deutschland (und zwar physikalisch und politisch getrennt), Europa, die Erde in Merkators Projektion (bezw. in Hemisphären).

Für sämtliche höheren Schulen muss der Atlas von allen Ländern alles das klar und anschaulich in Karten bieten, was im Unterricht durchgenommen wird. Prinzip muss es sein, dass diejenigen Verhältnisse, welche in der Schule besprochen werden und sich kartographisch darstellen lassen, auch in dem vom Schüler benutzten Atlas gegeben sind, damit dieser sich das Bild auch einzuprägen imstande ist; namentlich gilt dies in Beziehung auf die allgemeinen physikalischen Verhältnisse (Zonen, Verteilung der Niederschläge, Isothermen, Isobaren, Verbreitung der vorzüglichsten Nutzpflanzen und Haustiere, die Menschenrassen u. v. a. m.), wobei jedoch zu beachten ist, dass nicht auf einer Karte zu viel dargestellt werde, und dass dadurch die Deutlichkeit Schaden leide.

Die Karten, welche im Atlas enthalten sind, müssen auch als Wandkarten in der Schule vorhanden sein und bei dem Unterrichte vor den Augen der Schüler hängen. Wünschenswert ist es, dass in allen Klassen e i n e Karte (die für den Unterricht wichtigste) stets im Klassenzimmer vorhanden ist; das Auge der Schüler wird dadurch an sie gewöhnt, und die auf ihr dargestellten Verhältnisse gehen allmählich in den vollen, unveräusserlichen Besitz der Schüler über.

Neben Karten und Atlanten bedarf die Anstalt noch anderer Anschauungsmittel; diese hier zu besprechen, liegt ausserhalb des Rahmens dieser Arbeit; als besonders gut mögen nur hervorgehoben werden aus der grossen Zahl trefflicher Sachen: der Universalapparat von Mang und die Bilder der Völkerrassen nach Müller; je reicher aber eine Schule mit Anschauungsmitteln ausgestattet ist, einen je weiseren, didaktisch richtigeren Gebrauch der Lehrer von denselben zu machen versteht, um so besser steht es um Schüler und Anstalt; eine auf dem Wege der Anschauung in der Geographie tüchtig vorgebildete Jugend verbürgt bei ihrem Übertritt in das praktische Leben für diese Wissenschaft ein dauerndes Interesse während des ganzen Lebens, das sich auch auf die übrige Bevölkerung leicht übertragen wird; eine echte, nachhaltige, für Wissenschaft und Volk gleich segensreiche Popularisierung der Geographie ist damit erreicht.

Zum Schluss mache ich noch auf einen Mangel aufmerksam; alle geographischen Karakteristiken und Lesebücher sind für Schüler der oberen Klassen und für Erwachsene geschrieben; solche, die für Schüler der unteren Stufen passen und den geographischen Unterricht auf diesen zu unterstützen geeignet sind, fehlen noch gänzlich; ebenso haben die deutschen Lesebücher noch lange nicht die Geographie in gebührender Weise berücksichtigt. Es wäre für den Unterricht von wirklichem Nutzen, wenn in beiden Hinsichten eine Änderung einträte.

Thesen.

1) Die wissenschaftlichen Forschungsreisenden stehen mit ihrer gesamten Ausrüstung und mit ihren Begleitern unter dem Schutze aller Kultur-Nationen und unter den Neutralitätsgesetzen.

2) Neben den nationalen geographischen Vereinen ist eine internationale Akademie für Geographie zu gründen, welche in erster Linie für die allgemeine Ausbreitung geographischer Kenntnisse, die Ausbildung der streng wissenschaftlichen Seite und die zweckmässigste Ausrüstung zu Entdeckungsreisen Sorge zu tragen hat.

3) Mit der Akademie ist ein möglichst vollständiges geographisches Museum und eine Bibliothek für alle geographischen Werke, für Karten, Atlanten und hierhin gehörige Apparate (Instrumente) aller Art zu verbinden.

4) Als geeigneter Punkt, sowohl bezüglich der Lage als aller übrigen Verhältnisse, für Errichtung der Akademie erscheint Brüssel.

5) Auf jeder Universität (bezw. Akademie) und auf jeder technischen Hochschule ist ein Lehrstuhl der Geographie zu errichten.

6) Bei der Prüfung der Lehrer für das höhere Lehrfach ist die Geographie in eine verhältnismässig gleiche Stellung wie die Geschichte zu den übrigen Prüfungsgegenständen zu bringen; namentlich kann dieselbe auch zum Hauptfache des Examens gemacht werden.

7) Unbeschränkte Lehrberechtigung in der Geographie darf nur dann dem Kandidaten erteilt werden, wenn derselbe auch eine hinreichend genaue Kenntnis der mathematischen Geographie nachgewiesen hat.

8) Auf den Elementarschulen ist der Unterricht in der Geographie synthetisch, auf den höheren analytisch zu erteilen.

9) Der geographische Unterricht ist möglichst auf Anschauung zu gründen und mit dem naturwissenschaftlichen zu verbinden (namentlich auf den Realschulen).

10) Auf den unteren Klassen ist im geographischen Unterrichte in erster Linie dahin zu wirken, dass ein möglichst klares Bild von der physikalischen Beschaffenheit (Ausdehnung und Topographie) der einzelnen Länder im Geiste des Schülers erzeugt wird.

11) Auf allen Stufen des Unterrichtes ist die zeichnende Methode anzuwenden.

12) Für die untere Stufe erscheint die konstruktive Methode als die einfachste und zweckentsprechendste.

13) Für die Lehranstalten empfiehlt es sich als Nullmeridian bei allen Karten und Längenbestimmungen denjenigen anzunehmen, der 20° westlich von Greenwich liegt.

14) Für die Schulwandkarten sowohl, als auch für die Schulatlanten empfiehlt es sich, die sogen. platte Projektion zugrunde zu legen.

Universitäts-Buchdruckerei von Carl Georgi in Bonn.